建筑趋同与多元的文化分析

王 瑛 著

中国建筑工业出版社

图书在版编目（CIP）数据

建筑趋同与多元的文化分析/王瑛著. —北京：中国建筑工业出版社，2004
ISBN 7-112-06990-4

Ⅰ. 建… Ⅱ. 王… Ⅲ. 建筑理论 Ⅳ. TU-0

中国版本图书馆 CIP 数据核字（2004）第 113273 号

责任编辑：董苏华 孙炼
责任设计：郑秋菊
责任校对：赵明霞

建筑趋同与多元的文化分析
王 瑛 著
*
中国建筑工业出版社出版、发行（北京西郊百万庄）
新 华 书 店 经 销
北京嘉泰利德公司制版
北京密东印刷有限公司印刷
*
开本：787×1092 毫米 1/16 印张：10 字数：240 千字
2005 年 1 月第一版 2005 年 5 月第二次印刷
印数：1501—3000 册 定价：**23.00** 元
ISBN 7-112-06990-4
TU·6231（12944）

本社网址：http：//www.china-abp.com.cn
网上书店：http：//www.china-building.com.cn

序　言

21世纪的当今时代，相对于“工业时代”而言，有称之“后工业时代”；而以资讯发达，国际间合作、交流的日益广泛与频繁，也有称之“信息化时代”，更有称之“全球化时代”。

地球似乎一天天在变小，人为的闭关锁国、固步自封终将落伍于世界。中国改革开放前后的巨变便是证明。

“全球化”的影响，既发生在经济、社会领域，也在改变着人们的生活和观念。在“全球化”的潮流下，作为人们生活的空间和时间的建筑，也迎来一个开放的、自由的创作时代。尤其在现代科技的支撑下，人们似乎可以超越所在自然环境和文化环境的制约，选择自己喜欢的建筑形式，并使远距离的模仿成为可能。

一方面，以功利性、科技性、纯净性为时代建筑的标志，日渐被许多人所认同，使不同国家、地区的建筑，凸显其趋同性。同样的一幢建筑，或许可以建在美国芝加哥，也可以建在意大利罗马的新区、中国上海；可以建在北京，也可以建在广州。

另一方面，我们并不能将“全球化”的影响，仅仅理解为趋同性。其实，“全球化”的影响，既带来趋同性，也带来多样性。君不见，今天人们选择建筑的形式，有人作如此的比喻，就像在服装店里挑选时装，可以因人而异，不拘一格。近年来，在中国不少城市中，各种欧式建筑的再现，便是这种趋向的表现。

然而，“全球化”背景下的这种多样性似乎更多地出于对“时尚”、“喜好”、“标新立异”的个性化追求。它与传统的基于特定地域的自然环境和文化环境的差异而产生的多元性特征，有着不同的涵义和概念。而这种传统的多元性特征，在这些地域的建筑中却渐趋模糊、淡化，以至消失。

建筑与自然、与文化的疏离，已成为一种广泛的世界现象。这种现象，在建筑界早已引起人们的讨论。不过，并没有像在当今“全球化”大势下，如此受到人们的关注！

保持地域性、民族性与走向世界的问题，正是这样地摆在人们的面前。

1999年，第20届世界建筑师大会，将“全球化与建筑的多元化”列为大会的重要议题之一，正是表现出对此问题的特别关注。

本书也正是对“全球化与建筑的多元化”这个议题讨论的一份回应。

本书作者是一位青年学者，而要驾驭如此广大的议题，实在是不容易的，这表明了作者的理论勇气。

本书将趋同与多元的现象，放回到建筑历史过程中去考察，去评价，这比较那种空泛的讨论，会更具说理性和可读性。书中不乏闪光的思想亮点。

人们欲认识某种事物，由历史入手，是一种有效的途径。历史是公允的评判者。

趋同与多元并非当今时代特有的现象。它是一种历史现象，只是在不同的历史阶段表现有所不同而已。趋同与多元的原因是多方面的，故其表现也是多方面的。本书尤其着力于文化层面的分析，这也是建筑历史研究的难点所在。

建筑的国际化与本土化，建筑的趋同与多元，均存在其历史的必然性与合理性。我们并不能得出二者孰是孰非的绝然结论。

建筑与自然、建筑与文化、建筑与科技，历来是建筑学的重要命题，只是在今天，显得更为敏感而已！

建筑犹如历史的回音壁，响起的正是时代的回声！“全球化”既合于潮流，建筑要走向世界，也要多元化，这就是问题的结论。我们的关注，在于呼唤建筑师们对自然、对文化、对人本的更多的省察和尊重！

2004 年 8 月

于西安建筑科技大学

目　录

序言
第一章　绪　论 …… 1
第二章　早期建筑中的相似与差异 …… 9
一、人类早期的文化特征及其对建筑的影响 …… 10
二、早期建筑中的相似性 …… 11
三、早期建筑中的差异性 …… 18
小　结 …… 20
第三章　多元的传统文化与建筑 …… 23
一、客观环境与多元的建筑文化 …… 24
二、文化观念与多元的建筑文化 …… 27
三、客观环境、文化观念与建筑文化 …… 31
小　结 …… 34
第四章　中国传统建筑中的趋同与多元 …… 37
第一节　独特的传统文化 …… 38
一、认识的独特性："协同进化"的自然观 …… 38
二、表达的独特性："以善为美"的美学观 …… 41
三、接受的独特性："趋利避害"的人生观 …… 42
第二节　中国传统建筑的趋同性 …… 44
一、追求人与自然的和谐关系 …… 44
二、体现人与人的伦理秩序 …… 49
第三节　中国传统建筑的多元性 …… 52
一、建筑多元性的表现 …… 52
二、佛教观念为传统建筑增添生机 …… 57
三、道家思想为传统建筑注入活力 …… 59
小　结 …… 61
第五章　西方传统建筑中的趋同与多元 …… 65
第一节　独特的传统文化 …… 66
一、"天人相分"的思维方式 …… 66

二、“以真为美”的审美取向 …… 67
三、“追求真理”的人生目标 …… 68
第二节　西方传统建筑的趋同性 …… 69
一、建筑显示人类的最高技艺 …… 70
二、科学完善的建筑体系 …… 72
三、中世纪的国际式风格 …… 75
第三节　西方传统建筑的多元性 …… 78
一、民族的差异与建筑的多元 …… 78
二、异域的影响与建筑的多元 …… 82
小　结 …… 86
第六章　当代建筑全球化中的多元性 …… 89
第一节　全球化的历史进程 …… 90
一、西方开始走向世界 …… 90
二、西方中心主义达到高潮 …… 91
三、民族意识的觉醒 …… 93
第二节　初期的观察与对峙 …… 95
一、相遇与碰撞 …… 95
二、接受与抵抗 …… 99
三、探索与创新 …… 101
第三节　西方中心主义与建筑的趋同现象 …… 103
一、科技的作用与建筑的趋同 …… 103
二、现代主义理论与建筑的趋同 …… 107
三、全球的共同利益与建筑的趋同 …… 112
第四节　民族意识的觉醒与建筑的多元化 …… 115
一、民族传统与建筑的多元 …… 115
二、地域特点与建筑的多元 …… 116
三、新的探索 …… 117
小　结 …… 123
第七章　对未来的几点思考 …… 127
一、全球的共同目标和民族精神相结合 …… 128
二、宏观思维和具体分析相结合 …… 134
三、业主利益和建筑师的责任相结合 …… 136
小　结 …… 139
结束语 …… 141
插图目录 …… 143
参考文献 …… 148
后记 …… 151

第一章
绪论

现在各个国家彼此之间已经处于这样一种人为的关系，以至于没有一个国家可以降低其内部的文化水平而又不致丧失它对于别的国家的威慑和影响……

——（德）伊曼努尔·康德《历史理性批判文集》

像20世纪前半期以前那样，以本国为中心的思考方式和行动方式已经不行了，在许多方面都必须从整个地球和全人类的立场进行思考和行动。

——（日）谢世辉《世界历史的变革》

世纪之交的人类面临着严重挑战，在诸多挑战中，全球化问题最为尖锐，也最令人瞩目。美国社会学家阿尔温·托夫勒（Alvin Toffler）在《未来的冲击》中称之为“人类史上的第二次大分野，其重要性只有从野蛮时期转化为文明时期的第一次历史转折才可以同它比拟”。因此他认为能否正确地认识和对待全球化问题，将直接关系到21世纪人类的命运。托夫勒的说法也许有些夸张，但不可否认，在当前社会面貌和人类观念大动荡和大变革的时代，人口流动性的不断加大，地域性的逐渐消失，人与自然的进一步疏离，使人类有种强烈的“失去控制”的感觉。那么人类的思想和生活中究竟有没有“秩序”？人类会不会走向大同世界？东西方之间会不会由于交流而走向趋同？各民族能否在保持自身文化的同时，与世界共同发展？这些问题都是引起世界关注的重要问题。事实上，全球化的问题不仅发生在政治、经济、社会等领域，而且在建筑领域也十分突出。随着21世纪的到来，国际间的交流日益频繁，任何国家想要闭关锁国都不可能，建筑如何发展的问题也显得十分重要。因此1999年国际建协第20届世界建筑师大会把“全球化和建筑发展的多元化”列为重要的议题之一，就是希望全球建筑师对这一问题进行更多的关注和研究，并深入探索保持传统和走向世界的合理途径。

在当代人类历史的大转折时期，危机与机遇并存。如果不能积极地投身于世界文化的洪流，就有被淘汰的危险。但是，只要抓住机遇，就可以迎头赶上。中国传统建筑曾以独特的形象在世界建筑中占有重要地位，而中国的当代建筑却失去了原有的光彩，而是在追随世界潮流，还没有形成自己明显的个性与风格，这就需要我们在积极钻研自己文化的基础上，把自己纳入世界文化之中。既不在“全球化”的浪潮中人云亦云，又不致在轰轰烈烈的世界改革浪潮中被人遗弃。德国哲学家康德（Immanuel kant）说得好：“现在各个国家彼此之间已经处于这样一种人为的关系，以至于没有一个国家可以降低其内部的文化水平而又不致丧失它对于别的国家的威慑和影响……”[①]本书对建筑趋同与多元的研究就是希望能对建筑的发展规律有所把握，不致在“全球化”的浪潮中迷失。

关于全球化的概念目前还没有一个统一的定义，常见的说法有两种。一是指人类的社会、经济、科技和文化等各个层面，突破彼此分割的多中心的状态，走向世界范围同步化和一体化的过程。或者是指全球性政治、经济、文化乃至思想，打破国际、民族、地域的限制，在高科技的支持下，更加深入和快速地传播、交流和融合的过程。这种说法由于强调了全球性趋同的方面，容易给人产生一种印象，即认为全球化就是世界性的趋同，是经济、文化等社会各个方面的一体化和同质化；另一种说法认为全球化是一个内容十分丰富的概念，“本质上是一个内在地充满矛盾的过程，它是一个矛盾的统一体：它包含有一体化的趋势，同时又包含分裂化的倾向；既有单一化，又有多样化；既是集中化，又是分散化；既是国际化，又是本土化”[②]。这种说法强调全球化中包含着既对立又统一的两个方面。笔者认为，对全球化的这种认识更为客观和准确。如果不能明确全球化的这两个方面，就容易使我们在对待全球化的问题走上非此即彼的极端态度。比如在建筑领域，一些建筑师认为既然全球化不可避免，那么就应当不顾一切追随全球化，从而把传统文化当成全球化进程中的绊脚石；另一些建筑师则相反，注意到全球化的负面效果，极力排斥，从而把传统当成对抗全球化的工具。为此，本书试把建筑全球化中两个辩证的因素加以区别，用趋同与多元这两个相互联系又相互对应的概念说明全球化的丰富内涵，这样也可以分别对这两个因素及其关系予以分析。

趋同是产生建筑的文化观念及其外在形式两方面都具有相似性的特征或趋势，从总体上给人一种同质同构的相似性印象。比如被称为现代建筑“国际式”的风格是在追求人类普遍原则的情况下产生的，不仅建筑产生的理论依据一致，而且形式上也有某种相似，是建筑趋同性的表现；那种追求新奇、怪异的商业性建筑，由于它们都是出于相似的广告性目的，并给人一种商业的同质性，也是趋同性的表现。

多元本是哲学上的名词，指各种学说或主义。建筑中借用多元的概念是指产生建筑的文化观念或设计理论等方面的不同特点，其建筑给人以丰富多彩的印象。比如建筑中的各种流派都产生于不同的建筑观念，而其表现形式也各不相同，是多元性的表现。

需要说明的是，首先，同一观念下产生的建筑并不意味着建筑的必然趋同性，比如在当前可持续发展的共同理想下，世界建筑师所探索的绿色建筑、节能建筑、乡土建筑等，它们虽然是在一致的观念下产生的，但由于它们基于不同的地域特点，建筑在形式上就显得多姿多彩，是一种多元的现象；其次，从某种意义上说，建筑发生、发展的过程其实就是建筑趋同与多元在一定程度上此消彼长的过程，趋同可以是人类经验的普及化，多元是人类不满足现状的继续求索，所以我们不能简单地得出趋同与多元孰是孰非的结论；再次，建筑的趋同与多元不仅是一种客观现象，同时也是一种主观感受，人口流动性的加强，宣传媒体的夸大等都能强化人们的主观感受；最后，趋同与多元的问题不仅存在于横向的对比中，即同一时期内不同地区之间，而且也存在于纵向的对比中，即在不同的时期内同一地区甚或不同地区建筑之间。

实际上，建筑全球化即建筑趋同和多元的问题是一个由来已久的问题。在人类的早期，由于某种相似的生存方式，一些建筑呈现出惊人的相似性，这种相似性就是一种趋同现象，只是这种现象不被当时的人们所注意罢了。而早期人类相异的生存环境，又使各地建筑迥然不同，世界建筑同时具有多元的特征；人类在适应环境的过程中，各地区各民族独立地形成了自己对世界的认识，并拥有了自己的传统文化和传统建筑，出现了以传统为主体的各不相同的建筑文化体系，建筑表现为鲜明的民族或地方特色，世界建筑呈现多元的景象。与此同时，基于人类基本需求的建筑的趋同性特征依然存在；随着科学技术的发展，频繁的国际交流正在填平着传统的差异性鸿沟。由于历史文化等原因，西方文化中心主义曾经盛行一时，使整个世界呈现出一种西方化倾向，世界建筑表现出明显的国际化趋势。因此一些人认为世界建筑必然走向大同，西方标准就是世界的惟一标准，西方模式就是世界的惟一模式；然而社会的进一步发展使各民族逐渐认识到，西方标准并不能完全适合于所有的地区和民族，西方模式并不是十全十美的，只有立足自身，不断进取，才能找到适合自己的现代化道路，世界建筑再次走上多元化的探索之路。

通过了解建筑趋同与多元产生的原因，可以使我们认识到不同的文化体系有着自己不同的发展轨迹，虽然通过交流可以相互促进和变化，但每一个民族和国家都有自己独特的问题，人云亦云解决不了自己的问题。人类学家的研究也证明，人类在历史的进程中由于不同的选择，形成了诸文化间的差异，不同的文化有自己独特的发展模式，因此对待各种各样的文化现象，应当采取宽容的态度，对待自己的文化，既不妄自尊大也不妄自菲薄。

本书的叙述是以两条相互对应的线索为基础来说明建筑趋同与多元的问题，一条是建筑历史的线索，一条是文化的线索。

常见的历史研究方法是以先后继起的时间、事件为线索，这样有利于理清历史发展的脉络，给人一种清晰的印象。然而历史并不表现为简单的线性发展，有些事件或人物的发生是超越时间和历史的，比如有些建筑流派的盛行时期并不在其产生的年代，有些建筑师也并不荣耀于他的有生之年，所以仅仅借助于时间的关系恐怕不能充分说明建筑发展的内在规律。本书尝试结合心理历史学的研究方法：先从时间上进行大的划分，然后以问题而不再以时间为论述的方式，对各个问题进行深入分析，但对各个问题之中的观点、潮流又尽可能按时间顺序来论述，以求展现各论题的发展趋势，这样就形成以时序为经、以问题为纬的论述方法。文化的线索则贯穿于历史的线索之中。

由于本书主要以问题而不是以时间顺序为研究的主线，所以在书中可以看到不同时代的建筑师可能会由于某种思想的一致性而被并列，某个时代的建筑也可能被分成几个方面，放在不同的章节中，而对一个具体的建筑，书中并不全面表述它的总体特征，详细分析它的来龙去脉，而只是用来说明一个特定的问题，所以可能只强调它某一方面的特征。这种叙述方法作为一种尝试，不是为了避重就轻，而是希望能对主要问题的叙述更加清晰和突出。

为了从整体宏观上把握建筑发展的脉络，找到建筑趋同与多元在历史过程中的内在逻辑性，就必须撇开各个时期非本质的方面而集中于典型特征。为此，本书用理想分类法对纷繁复杂的建筑历史现象进行分析，即对无数变量予以概括、整理，并根据研究内容的特点，把漫长久远的建筑历史分为三个典型时期：人类的早期，传统时期和当代时期。人类早期的时间划定为公元前 5 世纪之前的一段漫长时期。公元前 5 世纪被认为是人类从原始文化进入古典文化的一个重要历史分野，是传统文化形成的重要时期[③]；传统时期的时间界定是从公元前 5 世纪到 1492 年哥伦布抵达圣萨尔瓦多，西方开始面向世界；对于当代时期的界定，本书没有按照通常的历史分期，而是从全球化的角度，确定为从 1492 年至今的一段时期。在这一时期中又分为三个阶段，第一阶段是从 1492 年至 1840 年，西方开始走向世界，中西方建筑相互影响[④]。第二阶段从 1840 年至两次世界大战爆发，西方中心主义达到高潮，西方的潮流就是世界的潮流，形成建筑的国际式风格。第三阶段是二战结束至今，各民族的民族意识增强，世界建筑朝着多元化的方向发展。笔者认为，这样的划分有利于抓住问题的关节点，使论题的展开更清晰、明确。

对于东西方建筑与文化的界定，书中从历史文化的角度把在世界文明史上，有着比较广泛而深远影响的文化体系，大致分为四种：一种是基于环地中海地区的古代埃及、古代希伯来以及古代希腊与罗马文化基础之上的犹太—基督教文化体系，即西方文化，在当代的分析中，西方也包括继承并发展了西方文化的当代美国文化；一种是基于古代西亚文化基础上，并受到希腊—罗马文化影响的犹太—伊斯兰文化体系；一种是基于南亚次大陆文化基础上的佛教—印度教文化体系；另一种是基于古代东土华夏及西域文化基础上的儒教—道教—佛教文化体系，即中国文化。

本书研究的范围主要限定在中西建筑的分析与对比上，当分别对中国和西方两个文化体系进行分析时，行文中注意尽量对应叙述，以便相互对照。需要说明的是，第一，书中对早期的建筑与当代建筑的叙述是用全球性视角进行的。这是因为，在人类的早期，各文化体系都还没有形成和成熟，对文化体系的分类是不可能的，所以用全球性的视角是符合历史的实际情况并且也有利于对早期建筑进行整体把握。而在当代，由于现代科学技术的发展，“像20世纪前半期以前那样，以本国为中心的思考方式和行动方式已经不行了，在许多方面都必须从整个地球和全人类的立场进行思考和行动”⑤。因此，如果仍坚持对某一文化体系进行孤立的研究，就难免片面而导致不准确的结论，所以本书也是用全球性的视角。对于传统建筑部分，本书则分别对中西传统文化和建筑进行分析，因为各传统文化和传统建筑的形成是相对独立的，尽管当时也有不同程度的交流发生，但这种交流还不足以对传统文化和建筑造成实质性影响。第二，在当代部分即第六章中，本书以西方建筑的发展为主要分析对象，这是由当代建筑发展的实际情况决定的，因为事实上当前西方建筑仍然是左右世界建筑发展的主要因素，西方的潮流几乎就是世界的潮流，因此在谈到当代的建筑时，以西方建筑的发展为主要分析对象就能把握世界建筑发展的脉络，这是容易理解的。第三，在第七章对当代建筑的思考中，主要是针对中国建筑创作中存在的问题，提出一些建议和思考，是以中国的建筑文化传统和历史沿革为依据的。

笔者认为，中西文化并不具有严格意义的对应关系，中西文化和建筑的比较本身不具有完全的对等性。因为中国自秦始皇统一以来，虽然有过短暂的分裂，几千年来总体上是一个步调一致的整体。尽管也有外来影响，但由于中国处于相对隔绝的地理位置，西南和西面是世界上最高的山脉，东面是浩瀚的太平洋，西北和北面则为广袤的沙漠和大草原，万里长城作为又一重坚固的屏障，使古代中国相对独立地形成和发展着自己的文化，其发展的脉络显得相对简单并具有一贯性。而西方的情况却不同，尽管他们有着共同的文化土壤和宗教信仰，但分裂多于统一，却又在不断的纷争中彼此联系，相互影响，一个地区的崛起可能会带来一个新的潮流，而各民族和地区又有着自己的传统文化和发展轨迹，这就形成西方世界错综复杂的关系。如果我们取出西方各国中的一个与中国相比较，就容易忽视西方各国间的紧密关系；如果我们以整个西方与中国相对应研究，就难以对西方各民族和地区的文化特性作深入分析。本书采取后一种对应比较的方法，主要的原因是这样有利于对建筑趋同与多元的宏观把握，避免中西建筑直接进行一一对应比较，而是按照各自的发展轨迹进行推延，这样就不会产生在不同底盘下孰优孰劣的生硬比较，而能更客观地认识中国文化与其他文化的异同，取长补短，寻求自己的发展之路。

以下就新涉及的主要概念作一说明：

关于文化的概念，国内外尚无公认的定义，据资料统计，文化的定义有上百种之多。一般来说，最广义的理解，是把文化定义为人类创造的物质文明和精神文明的总和，有的学者认为，这就使文化成了无所不包的概念，失去了它作为具体事物的特殊性，模糊了它的特质。而作最狭义的理解，如指以文艺为主的文化，则又失去了它本来具有的一般性。庞朴先生则将文化划分为"物质的——制度的——心理的"三个层面，其中，"文化的物质层面，是最表层的；而审美趣味、价值观念、道德规范、宗教信仰、思维方式等，属于最深层；介于两者之间的，是种种制度和理论体系。"⑥这样对文化的定义就更为明确了。为了论述的方便和突出重点，书中采用李宗桂先生的观点，即从观念形态的角度来定义文化，即是说，文化是代表一定民族特点的，反映其理论思维水平的精神面貌、心理状态、思维方式和价值取向等精神成果的总和⑦。这样就避免了在展开过程中面面俱到的繁琐，而侧重于对文化观念方面的分析。在各章的小结中，也借用庞朴先生关于文化三层面的观点，对各时期的特点作一具体的分析，以避免论述中对文化观念的过于偏重。

关于传统的概念。最初在罗马法中，传统指转换私人财产拥有权的一种方式。后来人们把它表达为"古已有之"，世代相传的东西。具体地说，传统是历经延传而持久存在或反复出现的东西。美国传统问题研究权威、社会学家希尔斯（Edward Shils）认为，"几乎任何实质性内容都能成为传统。人类所成就的所有精神范型、所有的信仰或思维范型，所有已形成的社会关系范型、所有的技术惯例以及所有的物质制品或自然物质，在延传过程中，都可以成为延传对象，成为传统"⑧。因此，传统不是一个固定的概念而是一个动态的过程，是不断发展和变化的。

关于自律性和他律性的概念，所谓自律是指事物自在自为的一面，以自身的内在本质作为价值判断的根据的特性；所谓他律是指事物他在他为的一面，以自身之外的价值标准为根据的特性。

关于原始宗教和宗教的概念，原始宗教一般是指原始氏族的宗教，是原始居民在同自然的斗争中形成的对于山川河流等自然物或对某种臆想的神灵、灵魂等的崇拜。为方便叙述，书中原始宗教的概念在此基础上加以扩大，包括原始的巫术、礼仪等祭祀活动和宗教性观念等。宗教是一个颇多争论的概念，主要是指人对于超越人类认识的某种力量的信仰，本书中的宗教特指世界文化体系中有相当影响力的几大宗教，比如基督教、佛教、伊斯兰教等宗教。

关于民族的概念，引用《斯大林全集》中的定义，即"民族是人们在历史上形成的一个有共同语言、共同地域、共同经济生活以及表现于共同文化上的共同心理素质的稳定的共同体"。

关于自我意识和民族意识的概念，根据心理学的定义，所谓自我意识就是人对自身以及对自己同客观世界的关系的意识。从文化的角度来说，在没有对比的情况下，对自身的认识是以自我为中心的，还谈不上自我意识，而当不同的文化相冲突和融合时，人们才会看到自己处于一个什么样的境地，并且感受到相应的危机感及发展愿望，对自身有了新的发现与认识，这就是自我意识。如果一种文化是以民族为载体的，那么这种自我意识就表现为民族意识。实践证明，文化之间的冲突越激烈，民族意识也越强烈。

【注 释】

① 张雄.《历史转折论》. 第191页. 上海社会科学院出版社，1994年4月

② 俞可平. “全球化的二律背反”第21页.《全球化的悖论》. 中央编译出版社，1998年11月

③ 据雅斯贝尔斯所说：“以公元前500年为中心——从公元前800年到公元前200年——人类精神的基础同时地或独立地在中国、印度、波斯、巴勒斯坦和希腊开始奠定。而且直到今天人类仍然依附在这种基础上。”雅斯贝尔斯把这一极其重要的时期称之为“轴心时代”，视为古典文化的成熟时期。参见周宪《中国当代审美文化研究》. 第28页. 北京大学出版社，1997年11月

④ 实际上，1492年是人类历史的一个转折点，哥伦布抵达圣萨尔瓦多，开始了西方对外扩张的历史，标志着世界历史进入全球性发展阶段。但直到1840年鸦片战争，西方在世界的霸权地位才确立起来。建筑才表现出一种全球西方化趋势，所以本书把这一时期划定为传统时期和当代的界限。

⑤ 同本章注释［1］. 第186页

⑥ 转引自李宗桂.《中国文化概论》. 第7页. 中山大学出版社，1988年10月

⑦ 同上

⑧ 同本章注释［1］. 第167页.

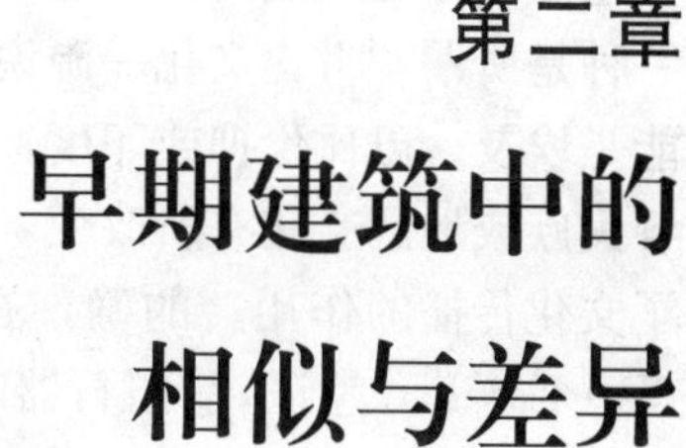

第二章

早期建筑中的相似与差异

实际上原始人并不存在，只有手段与方法是原始的。人的概念是永恒的，从一开始就起着作用。

——（法）勒·柯布西耶

作为一个整体的人类文化，可以被称作人不断解放自身的历程。

——（德）恩斯特·卡西尔

一、人类早期的文化特征及其对建筑的影响

据社会学家认为，人类早期的文化特征表现为高度的整合性和功利性特征，即社会生活的各方面共同服务于原始宗教的目的性，以及人类行为的实用性和便利性特征。[①]早期文化的整合性特征决定了建筑的相似性方面，而功利性特征则决定了建筑的地域性差别，使各地建筑丰富多样。

在早期的社会中，各民族和地区之间相对隔绝，文化之间的差异性是很容易理解的，然而在大量的考古发掘和整理中，人们惊异地发现，在远古时期，实际存在着全球文化的相似性和趋同性。这种相似性是如何产生的呢？学术界主要有两种不同的观点：一种是所谓“世界文化一源说”，认为许多重要的文化模式只有一个真正的发源地，可能是埃及、巴比伦抑或印度，经过长期的文化交流和传播，尽管由于客观环境的不同，各民族或地区文化有所改变，但仍保留着一些基本的特征。笔者认为这种说法过分夸大了文化传播的作用。的确，在古代社会中，缓慢的文化传播是存在的，但据拉兹洛（E・Laszlo）考证，“旧石器时代最原始的工具制造技能从非洲扩散到欧洲和亚洲大约经过一百万年”[②]。如果真是这样，最简单的技艺传播都要经历一百万年，那么所谓的传播就毫无意义，所以“文化趋同并非仅仅只是传播的作用，物质性的约束有时可能比传播更重要……环境和人的本性对事物的可能性施加了相当大的限制。例如，装饰品只能从耳朵或鼻子上挂下来，纤维只能通过搓捻来纺织，斧头只能装在柄上等等”[③]。因此笔者认为“基本观念理论”（The Theory of Elemental Ideas）更具说服力，这种理论认为人类文化的相似性主要是由于人类的基本观念存在一致性，文化上的一致性也就是人的观念和这种观念所表现出来的行为在同一意向下的继续；19 世纪发展起来的“心理统一体”（Psychic unity）原则也支持这种观点，认为所有人类都具有一种共同的心理特征，既然地球和人类都只有一个，东方和西方就不能把人性分裂成彼此不同的两半；德国人类学家阿道夫・巴斯蒂安（Adolf Bastian）也认为人类精神具有普遍一致性，因此不同的文化总会呈现出许多共同点，只是由于地理环境的不同，在普遍性中才会出现差异。

世界各地都具有相似的原始巫术和宗教，恐怕就是在这种共同的心理支持下产生的。可以想像，生存是早期人类面临的最大问题，他们需要做出最大努力去适应环境，保护生命，防御一切可能的灾难发生，所以祈求安全地生存下去恐怕是人类共同的也是最基本和最迫切的愿望。但在人类生产能力极其低下的情况下，他所能凭借的最好防御工具不是他的体力，也不是他的工具，而是他的心灵：是他对神灵无比虔诚的心，以及表达这种虔诚之心所举行的各种敬神仪式。于是他们在反复的实践中揣摩神的旨意，验证自己的行为，并自觉地进行自我约束，从而形成一套相对规范的行为模式，以期通过这些行为模式的重复达到预期的结果或期望奇迹出现。正如英国哲学家伯特兰・罗素（Bertrand Russell）所说：“巫术是一种尝试，它试图按照严格操作的仪式获取某种特定的结果，它的出发点是对于因果关系原则的认同，认为一旦给出同样的前提条件，就会出现同样的结果。因而巫术可以说是原始的科学。另一方面，宗教与此相反，它企图得到违背或不符合规则序列的结果，它只在出现奇迹时才起作用，其中包含着对因果关

系的摒弃。”[4]这就是以神的意志为核心，以人的平安为目的的原始巫术和原始宗教。为了保证自身的平安，早期人类使自己生活的一切方面纳入原始宗教的规范之中，从而形成了以宗教为核心的高度整合性特征，这应当说就是原始文化相似性的根源；而功利性特征则是人类受到各地具体物质环境制约的表现，是其差异性的主要原因。建筑作为文化重要的组成部分，体现人类思想观念和行为方式，所以早期的建筑形态，也同样具有这种整合性和功利性的特征。建筑与绘画、雕刻等艺术和谐一致，共同服从于原始巫术和宗教的基本观念，是早期建筑相似性的根本原因；而建筑的功利性特征即是指建筑在选址、造型以及取材等方面的实用性和便利性特征，是建筑受环境制约的结果，是早期建筑呈现各地不同的地域性特征的重要原因。

二、早期建筑中的相似性

根据“基本观念理论”，人类基本观念的一致性和早期相似的生存状态决定了早期建筑的相似性。人类来到地球已有约二百万年的历程，今天的建筑已全然不是当初的样子，尽管如此，我们还是可以从过去的建筑遗迹即使是一些建筑的片段中发现：不同地区的建筑间存在着某种相似性原则，并且有些原则是直到今天我们依然能够感受并加以应用的。比如说，对独立柱子的执着关注和精雕细刻，对重要建筑入口之前的刻意渲染，对建筑高度的追求以及对中心空间的重视等在世界各地都是如此的相似。用“基本观念理论”来理解，这说明建筑包含了人类最基本的也是共同的观念，并且这些观念是永恒的，这一理论也是20世纪初现代主义建筑理论的基础。[5]生存是原始人面临的最大问题，祈求平安是他们的共同心愿，对客观世界的畏惧、疑虑和跃跃欲试是他们的共同心理。

世界上最原始的人类几乎毫无例外要依靠狩猎和采集为生，而无论是狩猎还是采集都要随时变换地方。试想，在混沌一片、荒无人烟的大自然中，当原始人决定在一处落脚之后，可能就会设法除掉一些树木，平整一块荒地，然后竖立一根树干或别的什么作为已被占有的标志。这一标志的确立就把浑然一体的天地区分开来，它看起来如此的醒目和神圣，对敌方有一种对抗的威严，对自己则是归来的安慰（图2—1），它显得如此

图2—1 荒凉世界中的垂直物

重要而被赋予了神性的特征。埃及神话中就有一段这样的描述：宇宙在被创造前一片混沌，洪水覆盖着大地，世界漆黑一团，造物主突然出现在黑暗中，他拣起一根芦苇杆插在水边的泥土中，于是那里便形成了一座神庙，那根芦苇杆就是最初的柱子。[6]柱子的这种神性特征使它受到了普遍的关注，世界各地的人们都对它不断地加工、装饰和精雕细刻，使之完成了从自然形态到艺术形态的转换，并且在不同的文化中被赋予了不同的意义（图2—2）。

图2—2　从自然形态到文化形态的转换

古埃及伊德福（Eduf）神庙“多柱厅”的圆柱被认为是再现了混沌初开时，一根根芦苇杆在原始岛屿中出现的景象（图2—3）。在埃及的建筑中，柱子的形式多模仿自然植物，有莲花束茎式、纸草束茎式、纸草盛放式等形式。在中国的甲骨文中，“土”字作“⊥”，即是被占领的标记，《国语·鲁语上》中说：“昔烈山氏之有天下也，其子曰柱，能殖百谷百蔬；夏之兴也，周弃继之，故祀以为稷。”可以看出，这里的“柱”已然被神化了，它是农耕始祖的象征（图2—4）。《说文》中云：“｜，上下通也”，人们认为通过一根直立的柱子，人间的种种不平就可以直接上达天庭。北美印第安人则把一个个引人注目的图腾柱，竖立在房前屋后，显示出某种神圣的纪念性意义（图2—5）。不仅独立的柱子存在于不同的文化体系中并具有重要的象征性意义，而且几块石柱还可以组成一个巨石阵，据专家推测它们并没有明显的功利性作用，而是具有强烈宗教性色彩。这些石阵建筑在不同文化体系中都显得惊人的相似，如在英国、法国、瑞士等国家，以及我国浙江、辽宁一带都发现了这类约形成于旧石器晚期的石阵建筑，它们都是石桌结构，都坐西朝东，其下均有先人遗骨等（图2—6）。这恐怕是源于原始人类某种共同的心理需求和行为模式。古希腊、古罗马建筑在吸收古埃及柱式的基础上，对柱子予以特别关注，结合自己对世界的认识，把对柱子的设计精致化、定型化，形成了西方建筑史中最具特色的柱式建筑。直到今天，那些高耸的独立柱子依然能给人以神圣的

庄严感和积极向上的振奋感（图 2—7）。

图 2—3　古埃及伊德福神庙

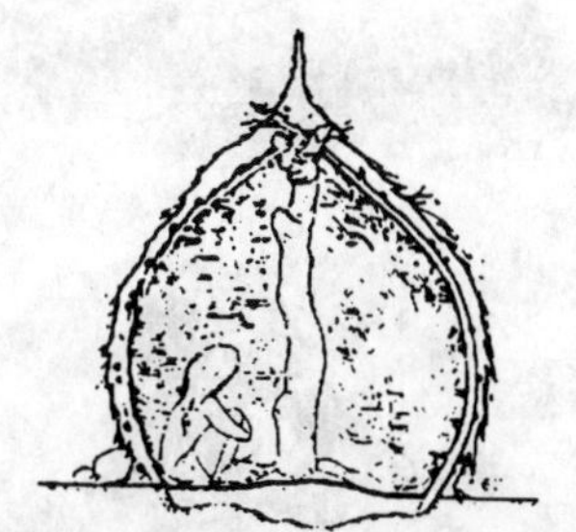

图 2—4　中国原始窝棚

图 2—5　印第安北部部落的原始村落

图 2—6　远古巨石建筑

图 2—7　西班牙巴塞罗那奥林匹克运动场中的高大灯柱

原始的荒原只有通过人类的整理而被秩序化，才能当作神圣之地，这也是原始人类的一种普遍共识。中国的《礼记·礼器》中说："因吉土以飨帝于郊"；斯堪的纳维亚人用"Landnama"一词表示他们的垦荒活动，意思是通过一种创世活动，把混沌状态转变为一种宇宙的和谐状态，而并不仅仅把垦荒看作是世俗活动。所以常常要举行一种象征创世活动的祭礼，"因为只有神才能给予混沌状态以形式和准则"⑦。随着混沌状态的结束和神庙的建立，自然的空间就被分成了两个对立的部分，即世俗空间和神圣空间。希腊文中"templum"一词的词根就是分割，划定界线的意思，而最初就是指那块专属于神的，为神进行祭献的神圣领域。拉丁词"templum"本身就既可以理解为"切割"，又可以理解成"神庙"。因此，神庙的门槛就成了由世俗世界通向神圣世界的起点，跨入门槛就具有了一种重要的意义。各地都有特别的仪式加以强调：鞠躬、下跪或某种象征性的手势等。对"门槛"的重视逐渐发展为对这一过程的延长，所以许多民族都在重要的建筑之前设置多个台阶、几重门或一段不同寻常的通道（图 2—8）。印度提鲁卡利昆陀罗摩山岗上的湿婆（Shiva）神庙，以多达 800 级台阶作先导，把神庙的威严推向极致；在中国这类做法也有很多，近代中国的南京中山陵，长长的台阶把瞻仰者对中山先生的崇敬之情不断提升，营造了浓浓的庄严、肃穆气氛（图 2—9）。

图 2—8 由世俗世界到神圣世界的"门槛"

图 2—9 南京中山陵

在建筑之中，最难以达到的地方往往被认为是最神圣的地方，或许是因为这些地方最具神秘性吧。1879 年，西班牙学者桑图拉（M. D. Santander）5 岁的女儿发现了阿尔太米拉（Altamira）石窟壁画。无独有偶，1940 年法国的几个孩子发现了拉斯科（Lascaux）洞窟壁画。这些隐藏在幽暗洞窟中的壁画能被孩子们发现绝非偶然。不难想像，

孩子们对未知世界的好奇与早期的人类有某种相似之处，在他们看来，神灵莫不藏在神秘的不为人知的地方，那应当是一个幽闭的清静之地，是一个俗人难以到达的地方，所以贡奉给神的或祈求于神的都莫不在那个最深处。学者们普遍认为，这些深在暗处的壁画可能是一种"魔法"，是期望他们画中的动物有一天会变成活的猎获品。[8]除利用天然的幽闭空间外，人们还可以在建筑中为神灵设计类似的空间。目前世界上发现最早的神庙遗址，当是在中东杰里科纳图夫文化（Natufian culture）的神庙遗址，约建于公元前7800年，虽然神庙的其他设施已不复存在，但其坚实的围墙和石碑仍保存完好。石碑下有一块石板，可能是放置祭品的祭坛。整个神庙深埋在地下，没有明显的出入口，据推测其出入口应在地面之上，并有台阶以供出入，专家估计这里应是举行秘密祭礼的场所；在古马耳他原始神庙中，有一个被层层推至最深处的神圣空间（图2—10）；古印度神庙的平面，往往是一个象征人体和宇宙的曼荼罗（Mandala），人们在中心的部位布置一个封闭的密室，作为神圣的空间，并赋予它某种象征性的含义，使它成为一个不可更动的至圣空间（图2—11）。这种思想延续至今，就是我们今天还普遍看到的黑暗、幽闭的神龛、圣坛和向神忏悔的祈祷室。人类另一难以企及的地方自然是高不可测的上苍，所以神灵或是居住在最接近天空的高山上，或是直接住在天宇之中。古希腊神庙大多建在高山上，有的建筑本身也要尽可能高大以接近天国。在密西西比河流域，印第安人建造的大金字塔，首领的居所位于高达100多英尺的土堆上，土堆的底部占地20多英亩，在规模上超过了古埃及大金字塔的底座，使其上的建筑得到极端的神圣化（图2—12）；中国传统建筑在历史上也有过对建筑高度的追求，只是由于文化观念等原因而受到抑制；对高度的追求在印度的佛塔中得到了体现，而在欧洲中世纪的哥特建筑上达到了当时技术的极致。

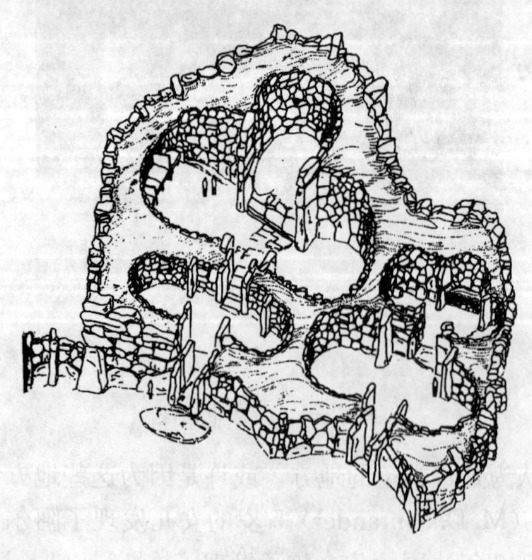

图2—10　古马耳他原始神庙

图2—11　藏传佛教的曼荼罗

图 2—12　密西西比河流域印第安人建造的大金字塔

世界上许多古老的民族都把自己居住的地方当作世界的中心，其来源应当是处于茫茫荒原中的原始人渴望建立一种宇宙秩序的普遍心理。世界越荒凉，人就越渴望一种确定性的边界，越感到自己是处于一个圆周的中心，中心的位置随之被神圣化了（图 2—13）。在不同的民族或国家，中心的位置可以是一座山，也可以是一棵树、一块石，或一座神圣化了的建筑和城市等。在古罗马，孔洞（mundus）被认为是地球的肚脐，每个拥有“mundus”的城市都被看作是位于世界的中心；在古代伊朗的经文中，伊朗被看作是世界的中心和心脏；犹太人把耶路撒冷看作是世界中心，耶路撒冷圣殿就建在被认为是地球肚脐的一块岩石上，12 世纪时的朝圣者在墓碑上写道：“世界的中心在此，夏至之日，太阳正好于此垂直”⑨；印度人认为须弥山（Meru）正好处于世界的中心；古代中国人认为昆仑山是世界的中心，汉代《河图括地象》称“中国之九州为赤县神州，其山昆仑居天下之中”。中心被看作最为至高至尊的位置，帝王无不占据中心地位以示尊严，所谓“居中为尊”在中国传统建筑中得到最大限度的张扬（图 2—14）。

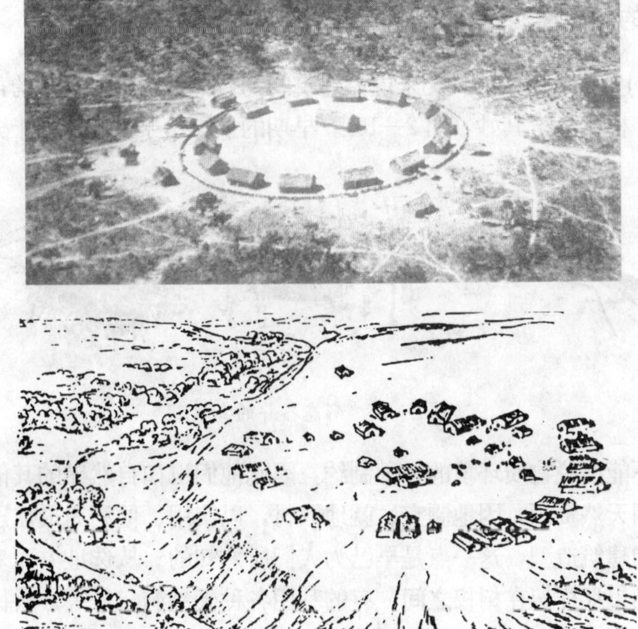

图 2—13　神圣的中心位置

事实上，在人类的早期，社会生活的一切方面莫不服从于原始宗教的目的性，音乐、绘画、雕刻以及建筑等都是服从于原始宗教的工具，都还没有形成自己独立的艺术。其中建筑有所不同的是，它同时还具有实用性功能，不过这些实际的功用性也往往被赋予宗教的神秘性，比如当原始人发现火能够驱赶猛兽、照亮洞穴、温暖身体，并且还能烧烤兽肉时，火就具有了一种神性，于是人们就把火设置在最神圣的位置即中心的位置。在许多原始穴居中，像西亚的史前遗址、爱琴文化的聚落遗址以及中国西南一些原始民族的村寨中，都可以看到在室内中央设有一个火塘。并且，“古代爱琴聚落大房子中的火塘，还是一个昼夜由卫士守护的圣物”[10]。这样，火塘就不仅仅具有实用的意义，而更具某种神秘的含义。因此事实上，人类早期的建筑并不纯然是一个遮风避雨的场所，满足实用的基本物质功能，更是超越这些基本功能，表达早期人类对超自然力的崇拜和畏惧，祈盼神灵赐福的普遍心理，而这正是人类早期的建筑具有某种相似性的内在根据。

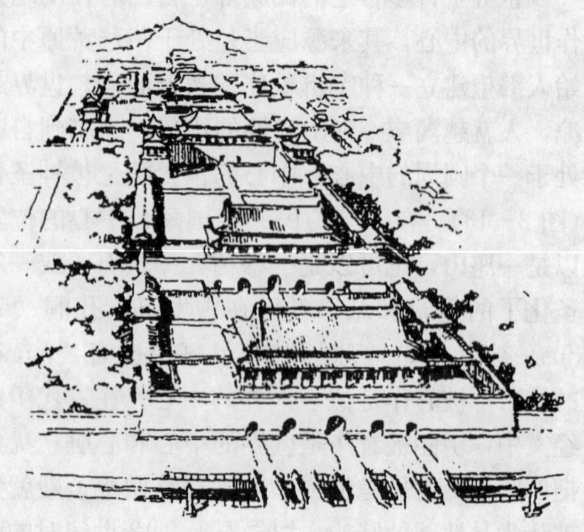

图 2—14　“居中为尊”的中国传统建筑

三、早期建筑中的差异性

对于处在不同生存环境中的人类来说，建筑间的差异是很容易理解的，这正如自然界中千奇百怪的鸟巢一样，各得其妙（图 2—15）。早期的人类由于生产能力十分有限，这种有限

图 2—15　形态各异的鸟巢

的能力使他们还不能摆脱物质环境的种种制约，因此他们也如自然界的其他生物一样，建筑不得不依赖和利用天然资源，因地制宜、就地取材，以实用、便利为最佳建造手段，这样自然带来丰富多彩的建筑造型，这一点是早已为人们所熟知的。从选址方面来看，有的建于湖面之上，有的像鸟巢那样架在树杈之间，有的利用各种天然洞穴等等；从材料的运用方面来看，石头、木材、泥土等各地都有所不同，更有严寒地区奇特的冰雪房屋；从建筑形式方面来看，有圆锥形帐篷，蜂巢形石屋，圆形和方形以及复合造型的各种房屋更是不一而足（图

2—16)，这些建筑都是对其生存环境适应和选择的结果。

图 2—16　人类的各种住房

应当注意的是，人类决不等同于一般的生物，他并不只是被动地服从于物质自然对他的约束，正如德国哲学家黑格尔(G. W. F. Hegel)所说：“艺术的最初最原始的需要就是人要把精神生产出来的一个观念或思想体现于他的作品。”[11]马克思主义创始人马克思（Karl Marx）也说：“最蹩脚的建筑师从一开始就比最灵巧的蜜蜂高明的地方，是他在用蜂蜡建筑蜂房之前，已经在自己的头脑中把它建成了。[12]”不同于其他生物，人类在生存实践中感到超自然神灵的存在，于是他们不甘被动地受命运摆布，而是祈求神灵的保护。他们从自然的物换星移中反复揣度神的旨意，为神也为自己建房架屋。原始的巫术和宗教就是早期人类精神的反映，它表现为人类对神灵意志的揣度，其实却体现了人类在自然面前的能动性，是对以往某种因果关系的经验总结和提升，并通过固定的形式完成了人类智慧的传承。尽管早期的人类有着相似的生存方式和基本观念，但由于所处物质环境的差别，不仅形成了他们风格迥异的建筑造型，也使他们在与自然的斗争中形成了独特的思维方式，使其建筑在以后的发展中走上不同的道路，产生不同的文化传统。此外，即使是相似的生存环境，由于人类主体不同的选择和在群体环境氛围中的强化[13]，使不同的民族有了各自不同的文化，其建筑也迥然不同。仅就建筑的檐下出挑构件来说，同样的结构作用，在不同的民族中发展了完全不同的形式(图 2—17)。当然，建筑材料、建造技术、使用工具等方面的不同也是造成这种差异的原因，但笔者认为思维方式的差异是主要的。

建筑的差异性不仅由于自然环境的制约，而且也源于人们思想观念的差异。当然人的观念离不开客观的物质条件，但物质条件为人们所提供的空间并不是绝对的和惟一的，而人类所具有的主观能动性是可以把握这些空间并予以发挥的。在不断实践的过程中，世界各民族形成并发展了自己的传统文化，成为这个民族世世代代继承和发展的依据和前提。

图 2—17　各不相同的出挑结构

小　结

在人类的早期，尽管实际存在着全球建筑的相似性和差异性现象，但这是从我们今天的视角观察和发现的。事实上，早期的人类，只能在十分有限的时空中彼此交流和影响，因此这种相似与差异现象主要是一种客观存在，较少表现为人类的主动性方面。这与传统文化形成以后的情形完全不同，人类在传统文化的影响下，建筑的发展方向就有了自己的轨迹。在相同的传统覆盖下，建筑就会表现为某种趋同性。

鉴于早期建筑相似性和差异性的这一特点，本章从文化的三个层面[14]进行总结。

在物质文化层面上，无论是使用的工具还是材料的运用都在相当程度上受制于天然物质所提供的可能性，这决定了早期的人类只能是根据自身的生理特点，以利用自然为主而略加改造，或是使用天然材料，模仿自然的结构形态建立避难所，所以世界各地中，尽管没有实质性的交流，在相似的自然环境中也可能会选用相似的建筑材料或建筑形态。同理，相异的自然环境往往有着迥异的建筑，因为不同的选择往往决定着建筑可能的表达方式和形式特征，使建筑朝着各不相同的方向发展。

从精神文化的层面来看，由于对自身能力缺乏信心，早期的人类往往在精神上依赖于某个神灵的护佑，产生对某些自然物或自然现象的敬畏，这一点具有世界的一致性，

甚至在今天亦有不同程度的表现。这种一致性可以解释世界各地之所以存在着极为相近的原始舞蹈、绘画以及建筑。当然，不同地区或民族有着不同的生活视野和崇拜对象，他们按着自己理解的“神灵的意志和要求”，以神的审美为自己的审美，并在建筑中加以表现，这种表达方式的不同又形成了建筑的差异性。

从制度文化层面上来看，尽管在人类的早期还没有形成规范化的行为模式和制度，但个人的行为和意志受到群体利益和神的意志的制约。人们的行为一方面以物质文化为基础，另一方面则尊从“神灵”的旨意，人与人之间也是一种以种族和地域为基础的群体关系，这是由早期人类的生存需要所决定的。因此建筑表现为鲜明的地方特征和群体意识，遵循约定俗成的规范。所以建筑的异同，并不表现为个体的方面，而表现为地区之间、民族之间的异同。

值得注意的是，文化的三个方面并不是相互孤立没有联系的，事实上，它们是相互平衡共同发展的。笔者认为，人类早期文化三个层面的特点表明，早期人类还处在应付人与物的关系之中，这使早期的建筑相似性和差异性只能是一个被动的过程，人的意志和能力还没有得到充分显示，这与传统文化时期和当代的情况是不同的。

【注　释】

① 英国社会学家拉什：“宽泛地看，在原始社会中，文化和社会尚未分化。实际上，宗教及其仪式是社会事物不可或缺的一部分。神圣的事物渗透在日常非宗教的生活之中。更进一步，自然和精神的东西在泛神论和图腾崇拜中也没有分化。巫师的角色表明了现世和来世之间的界限是模糊不清的，而祭司的功能也还没有分化和专门化。”转引自周宪《中国当代审美文化研究》. 第26—28页. 北京大学出版社，1997年11月

② 当然，原始人类无论是迁移、通婚或贸易都会引起文化的传播，但这种传播毕竟是极为缓慢的，所以不应过分夸大传播的作用，而“只能从人类是个完整的统一体这一最大的前提中去寻找答案。人类有着相同的头脑，相同的头脑产生出相同的思想，相同的思想产生相同的行为方式，这是文化趋同性的最大来源”。参见朱狄《信仰时代的文明》. 第412页. 中国青年出版社，1999年6月

③ 同上，第424页

④（英）伯特兰·罗素《西方的智慧》. 第14～15页. 文化艺术出版社，1997年11月。

⑤ 现代建筑以人类的共性为前提，以先进的工业技术手段，探索一种放之四海而皆准的建筑设计的普遍原则。（法）勒·柯布西耶在《走向新建筑》中说：“实际上原始人并不存在，只有手段与方法是原始的。人的概念是永恒的，从一开始就起着作用。”“所有的人都有同样的机体，同样的功能；所有的人都有同样的需要。”吴景祥译.《走向新建筑》. 第49，102页. 中国建筑工业出版社，1981年4月

⑥ 同本章注释②. 第9页

⑦ 赫拉德斯·范德·莱乌《原始人的宗教》. 第110页. 巴黎1940年版

⑧ 迟柯.《西方美术史话》. 第3页. 中国青年出版社，1983年5月

⑨ 同本章注释②. 第40页

⑩ 王贵祥.《东西方的建筑空间》. 第333页. 中国建筑工业出版社，1998年7月

⑪（德）黑格尔《美学》第三卷．第33页．商务印书馆，1979年11月

⑫（德）马克思《资本论》．第一卷

⑬ 美国人类学家露丝·本尼迪克特认为，不同的民族在人类无数的可能性面前，由于选择的不同而导致文化的差异。法国人类学家杜尔克姆则强调集体对个人选择的作用，由于集体的影响，个人的情绪可以得到强化或抑制。尽管他们的观点不尽相同，但他们都认为文化的差异具有某种程度的偶然性。

⑭ 本书采用庞朴先生对文化的定义，并把文化划分为“物质的—制度的—心理的”三个层次。参见李宗桂《中国文化概论》．第7页．中山大学出版社，1988年10月

第三章

多元的传统文化与建筑

任何神话都是用想像力和借助想像力以征服自然力、支配自然力，把自然力加以形象化；因而，随着这些自然力之实际上被支配，神话也就消失了。

——（德）卡尔·马克思

家具是习惯在生活中的表现，反过来它们又迫使每一代人养成同样的习惯。就这样，家具渐渐使习惯固定下来并变为自发。

——（美）弗朗兹·博厄斯《人类学与现代生活》

"异化"

一、客观环境与多元的建筑文化

人类经过知识和经验的积累，建筑逐渐走出原始巫术和宗教的阴影，用于表达人类自身对世界的认识和理解。客观环境的差异加上对世界的不同理解，各民族形成不同的传统文化及其建筑。

客观环境应当包括两部分内容，自然环境和人工环境即建成环境。对客观环境的反映一是指建筑在选址、用材、造型和布局等方面对自然资源、自然规律的利用和适应，二是指建成环境对拟建建筑的影响等。在人类的早期，相对于自然环境来说，人工物是极为有限的，所以几乎不能对人的建造行为造成影响，但是随着人工物的增加，建成环境在客观环境中所占比重与日俱增，甚至有人说当代的自然就是人工自然，这种说法虽然有些夸大，但也不无道理。对于建筑与客观环境的关系，人们往往只注意到建筑与自然环境的关系而忽略了它与人工环境的关系，而这一点对于传统建筑的形成有着重要意义。

1. 自然环境对建筑的影响

自然环境是人类早期文化发展中十分重要的因素。英国历史学家布克尔（Henry Thomas Buckle）在《英国文化史》中，把气候、食物、土壤和自然的一般状况等自然环境称为是社会和文化发展的“物质原动力”。地理学派甚至认为，地理环境对文化发展具有决定性的作用，这样的看法尽管有些绝对化，但自然环境在人类文化的发展中的确具有不可忽视的作用。自然环境包括天然的地形、地貌、气候、自然资源等，这些因素既为建筑的产生提供条件，又对建筑的形成造成制约。中国传统的风水说其实就是解决建筑与自然环境的关系问题，认为如果这一问题解决得好，其使用者就可以趋利避害，代代吉祥。西方虽然没有风水说，但出于生存的需要，人们也会摸索一种最适合当地的建造模式。民居建筑由于它的经济制约性和劳动力的有限性，总是尽可能利用自然环境所提供的一切便利，所以传统民居往往是自然环境最敏感的体现。比如院落式建筑是中国传统民居的主要形式，由于环境气候等方面的差异，中国南北方的民居院落与住房之间的三维比例及轴向就有很大不同，“北京地区的院方而大，阳光充沛。东北则院子纵狭，房无挑檐又矮，东西皆晒的厢房大增……南京旧民居东西厢房很短又浅若廊，挑檐深，堂屋不少是敞厅……南方少有纵深横宅的宅园，潮州卓府、仙游郭宅、鄞县钱宅，一线天井楼间檐下阴凉”①（图3—1），显然这些不同主要是为了适应当地的日照、通风和采光等自然环境的结果。人类的先民一定经过了无数次的实践和细致的观察、总结，才找到适宜的建造方式，并世代延传下来成为当地的传统，这种传统随着人们对自然规律的进一步认识而逐渐合理化、科学化，进而固定下来，形成自己独特的传统文化。

自然环境对传统文化的影响还能以一种间接的形式表现出来。当传统文化以巫术或宗教的形式表现时，就由于表面的宗教渲染，而使人容易忽视其中的合理成分。在以原始宗教为生活支持的社会中，早期的人类通过反复的实践，在众多的失败中获得一次难得的成功，他们往往不把这种成功与自己的努力相联系，而是把它归之于神灵的垂青。因此他们举行各种仪式，以示答谢和庆贺，并祈望神灵赐予下一次的成功。早期的人类也常常把自身行为的正确与某种巫术以因果关系相连属，并把它固定下来诉诸于某种仪

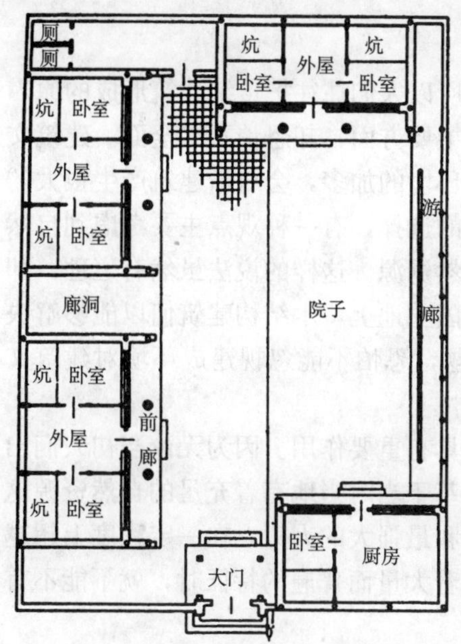

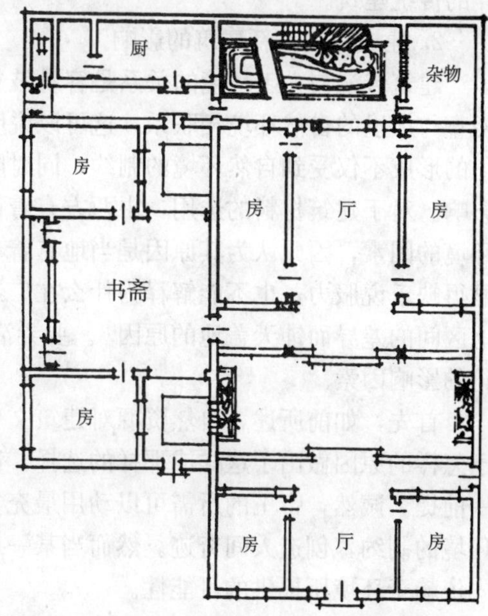

图3—1　南北各异的住宅平面

式[②]，一代代地流传，成为最初的传统。科学让我们懂得，人类的成功无不借助于对自然规律的遵循和把握，人类的每一次成功都是对客观环境正确反映的结果。因此可以说，通过表面的宗教仪式，人类就把先人的经验固定下来，以传统的形式实现了知识的积累和传承。比如经过反复的实践，人们认识到，对一幢房屋来说，最重要的莫过于它的主体结构，而这其中基础和大梁又具有非同寻常的重要性，所以直到今天我们还可以看到人们在奠基和上大梁的时候，总要大张旗鼓地渲染一番，有时候还要张贴对联、祭拜神灵和祖先。仪式之后人们就会怀着虔诚的心开始工作，好像真是得到了神的庇护，房屋的坚固和人员的安全都得到了保证。用我们今天的眼光来看，事实是：这样的仪式使人们对建筑的主体结构给予了特别的关注，并且把一个繁重而冗长的劳动分成了几个阶段，保证了工匠们把充沛的精力和专注的重点用在建筑的重要部分。毋须讳言，我们常常困惑为什么旧的传统铲除之后，随之而来的是种种不负责任、粗制滥造现象，尤其在一些知识技能比较欠缺的人群当中。有人把这归结为失去了神灵的护佑，其实应当说，当人们轻易地否定这种仪式的时候，实际上也就削弱了人们对重要结构的重视程度，如果没有科学的知识及时补上，恐怕就会出现这种问题。而当人们通过科学对客观规律有所了解之后，就不再需要“神”的庇护了[③]，那些仪式也就自然消失了。这些传统仪式，以一种宗教性的形式反映了人们对建筑结构中各构件轻重缓急的初步认识，是对客观规律的一种把握。在缺乏书写能力和科学知识的古代工匠们那里，建造的经验就是这样通过一种宗教的权威性和震慑力一代代延传下来，逐渐把建造的技术导向一个合理科学的方向，使建造的技术渐趋成熟、形态渐趋稳定，最终形成具有典型意义的传统建筑。各民族由于生存环境的不同，决定了他们实现成功的方式不同，从而产生形态各

异的传统建筑。

2. 建成环境对新建筑的影响

建筑传统与人工环境的关系是容易被忽视的，所以人们往往把传统建筑形成的原因径直与那里的自然环境相联系，这可以说明问题的主要方面，却恐怕不够全面。建筑文化的形成不仅受到自然环境的制约，同时随着建成环境的加多，会对新建筑产生很大的影响。对于建筑材料的选用，中西方有着截然不同的选择，有一种观点主要考虑到自然环境的因素，因此认为其原因是当地有着丰富的自然资源。这样的说法虽然有道理，却显得缺乏说服力，也不能解释为什么在广袤的古中国土地上，木结构建筑何以能够解决地区间的差异而铺天盖地的原因[4]。要弄清这一问题，恐怕不能忽视建成环境对建筑文化的影响因素。

首先，如前所述，自然资源对建筑文化的形成具有重要作用。因为无论当初人们出于怎样的原因做出了这样或那样的选择，都首先要基于当时当地有着充足的自然资源这一前提。诚然，帝王的所需可以动用最充实的资金和最强大的人力，在一定程度上超越环境的制约，创造人间奇迹。然而当某一地区存在着大量而普遍的特征时，就不能不首先依赖于环境所提供的可能性。

其次，在一个特定的地区，普遍而大量的材料最易走进人们的日常生活，所谓“靠山吃山，靠水吃水”。人们最熟悉它的特性，更善于把握它的性能，对它也会偏爱有加，使它优先于其他材料而被选择。自然不同的地区选择是不同的，但是当另一地区由于种种原因能够在政治上、经济上或技术上取得优势地位时，就会影响这一地区的选择，有两种情况：一种是主动的吸收和模仿，一种是被迫的接受和采纳。在第一种情况下，发达地区的选择受到青睐，成为人们效仿的榜样。大量模仿的建筑使建造的技术更加娴熟，其建筑也日益成熟和稳定。而一个成熟、稳定的建筑形式出现时，就具备了更为强大的辐射能力，成为周边地区的典范，使人们放弃自己的探索而追随之。所以我们在建筑历史中，总能发现在一定时期、一定范围内的建筑往往具有某种相似的特征，因此在一定程度上可以说，建筑的趋同就是建造经验的普及化。古希腊人对石建筑长期而不懈地雕琢，形成了令人惊叹的精美建筑，使它的征服者也无不甘愿继承它的传统[5]。当西方人初次踏上中国的国土时，就拜倒在辉煌的中国传统建筑面前，引起了长达一个多世纪的中国热。在第二种情况下，发达地区借助自己强大的实力，以自己的选择为标准在其他地区强制推行，尽管它的选择不一定是最合理的。在推行的过程中也许会自觉或不自觉地吸收先进文化的因素，但还是以它原有的东西为最终标准。当西方于 19 世纪称霸世界时，西方的标准就被认为是惟一的标准，出现了全球西方中心主义的状况。当秦始皇统一中国时，统一的标准就是当时的秦国，从图 3－2 可以看出，

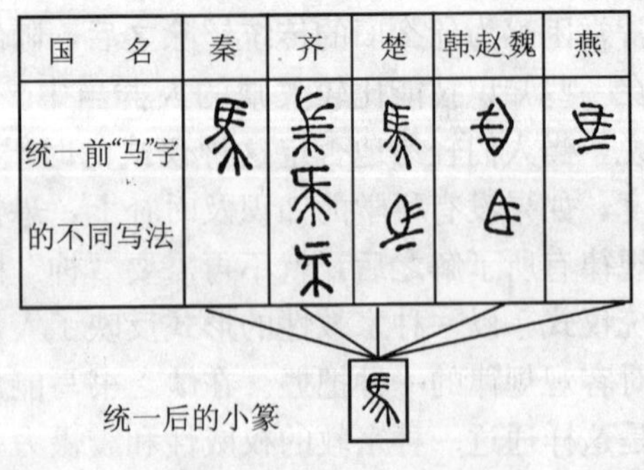

图 3－2　秦始皇统一的文字

统一后的文字与当时秦国的文字间具有明显的承接关系。文字可以如此，建筑当然也行，在秦始皇的政令下，古中国的大江南北就都统一了。

最后，各地区最初的选择也许具有偶然性，但是当这种选择一经确立，人们就淡漠了对其他材料的钻研。由于各地物质环境不同，造成了各地建筑的差异，而这些建筑又反过来对人们的生活习惯和思维方式造成影响⑥，使其表现为某种一贯性和连续性，从而使这些建筑逐渐稳定下来形成传统。当建筑有高度的要求时，土石材料就具有比木材更大的优势，为此人们也会不惜“延石千里，延壤百里”⑦。而一旦木结构的形式受到推崇，人们就会以木结构的形式为最美，虽然也有其他材料的应用和造型处理，却没有形成自己鲜明的个性和成熟的做法，更没有固定的模式和系统的理论，所以其他材料的建造，往往参照木结构的形式（图 3—3）。

图 3—3　模仿木结构的砖塔

从这里我们可以看出，建成环境对新建筑的影响是不可忽视的，它虽然不是传统建筑形成的最初根据，却可能是关键性的因素。因此相似的自然环境中建筑也可能不尽相同，而在不同的自然环境中建筑却可能一脉相承。

二、文化观念与多元的建筑文化

虽然人类的建筑尤其是早期的建筑与动物的巢穴都是源于自然提供的可能，却有两点本质的不同：一是动物的巢穴基本是世代重复的，而人的建筑却是世代延传、推陈出新的；二是动物的巢穴仅仅具有其空间和实体自身的价值，而人类的建筑除此而外，还被赋予了超越空间和实体本身的其他价值。因此，动物的巢穴只能是对自然法则的遵循，而人类的建筑却可能反其道而行之。

建筑不仅在遵循自然规律、适应客观环境的轨迹上发展，有时也会偏离这一轨道，出现一些特别的现象：一种是建筑中出现违背材料性能的结构做法，一种是不畏艰辛建造一些看来超出实际用途的构件或建筑物。其原因如果仅仅归结为当时人们的知识水平

有限，似乎太简单化了，因为与此相矛盾的是，人类曾创造过令人难以置信的、具有高度科学性和精确性的成就[8]。那么，是什么原因促使人类做出违背自然法则的尝试呢？应当说文化观念起着重要的作用，它不仅驱迫人们向自然的极限挑战，使建筑朝着更加科学的方向发展，而且它也引导人们企图实现超越建筑本体的更高的愿望，从而在可能的情况下，为了迎合某种观念的需要反而偏离建造技术的合理性。还有一种特别的现象是，在同一个文化体系中，一方面是建造技术的高度发达，另一方面是建筑形式的不尽科学合理，这一矛盾的现象，在我们看来难以理解。众所周知，古埃及神庙中粗重的石柱密密麻麻，决不是当时的结构所要求的。并不是他们缺乏结构知识，因为他们同时也有结构轻巧的建筑，而是另有原因，如提高神庙的精神价值；中国古代的几何学并不落后，[9]勾股定理也早已运用于古代的军事工程、地图绘制等方面，但在建筑中竟然缺乏三角形稳定性的运用！这一原因恐怕也不能拿建筑学的滞后来说明，看来还是文化观念的作用。因此建筑不仅受到客观环境的制约，随着人类对客观规律的掌握，更可以超越这种制约，沿着传统文化的方向发展，从而形成各民族多姿多彩的建筑景观。

因此，决定传统建筑形成的另一重要因素源于文化观念方面。文化观念本是一个极为宽泛又难以确定的概念，本书不做具体讨论，这里的文化观念特指与建筑有密切关系的人类认识世界的几个主要观念，即自然观、人生观、审美观等。概括来讲，各民族在解决同一问题时由于思维方式不同，会形成不同的文化模式，即一种相对稳定而被世代传承的文化观念。关于文化模式的产生，人类学家们众说纷纭、莫衷一是[10]。不过他们大都认为，虽然文化模式的形成具有一定的偶然性，但当地的自然环境以及人与人之间的互动关系起着非常重要的作用。并且还认为，当某种行为方式、社会价值以及目标取向确定之后，就整合为该民族或社会特有的文化模式，形成传统文化的基本内核，并成为接受或排斥异文化的重要基础和参照源。文化模式一经产生，即使不是“最好的”，但只要能使生存得以继续和发展，就会形成一个具有自我稳定能力的系统，而通过该系统的自组织原理，从无序到有序，从低级有序到高级有序，不断使自身系统化起来，形成具有自我调节作用的功能性实体，成为好几代人的先天文化环境，对他们的整个生命过程发生影响，更对今后的文化选择产生影响，直到新的“危机”来临，再作新的选择和调整。

文化观念如何在建筑的趋同与多元中发挥作用，目前多是就一个或几个建筑的具体问题来研究的，而从宏观的人类整体方面来说明文化观念对建筑的影响，尚待深入的研究。本书试从以下几方面来谈：

第一，文化观念的不同形成了各民族传统建筑的独特性。建筑所具有的文化性，是它能够代代延传、不断向前发展的根本。早期的人类通过巫术、仪式等宗教性的手段实现了人类智慧的传承，当文字出现之后这种传承就更加准确和有效，这就使人类可以一代一代踏着前人搭起的阶梯一步步向前发展，逐步地使知识深化进而认识自然、把握自然、征服自然。工匠们在总结前人经验的基础上，建造技术也越来越得心应手，建筑不再需要神的庇护也不再仅仅服从于原始宗教的目的性，而逐渐从原始宗教中分离出来，具有了相对的独立性。独立后的建筑不仅遵循神的旨意，更要依据人对世界的认识和理解。在长期的实践中，各地区、各民族形成了自己特有的自然观及其相应的建造技术和

建筑形式，当它们渐趋成熟时，就形成了具有鲜明特色的传统建筑。

与早期的建筑相比，传统建筑可以传达人的意愿，表达人对世界的认识。东西方的传统建筑虽然形式不同，但它们都体现了当时人类的最高智慧，表达了人类对客观世界的理解：古希腊建筑通过精心推敲的比例表现了他们对世界本质的认识以及对人体美的赞赏；中国传统建筑横平竖直的方格网建造模式，说明了他们对天地宇宙的感知。用“基本观念理论”来看，无论东西方，相似的社会环境和社会地位对建筑就会有相似的要求。集权制下的帝王同样都要求一个声势浩大的气派，在古代中国有“天子以四海为家，非壮丽无以重威”，在法国的君主那里则有“没有巨大的建筑就没有伟大的政治”(图 3—4)。

图 3—4 中西方建筑中的相似性

由于建筑可以是人类价值的一种体现，所以人们情愿牺牲一部分舒适度来换取自身价值的实现。在中国广大的黄土高原，传统的民居建筑是经济适用的窑洞建筑，这种建筑是环境的产物，冬暖夏凉，施工便利，但是当地面上的砖瓦房具有了一种财富和现代的象征性时，有余钱的人就会放弃完善原有建筑的努力而去迎合那种象征性。这样就使那种窑洞房失去了进一步完善的机会，直到当代一些从事乡土建筑的人们，才又重新拾起窑洞建筑，研究它、完善它，赋予它新的生机。从体现人类创造力方面来说，砖瓦是对黄土的超越，钢筋混凝土是对砖石的超越，玻璃钢是对钢筋混凝土的超越，空调是对暖气片的超越……人类就是在这一步步对自然和自我的超越中，渐渐远离了自然，发展了传统。我们从民居建筑、原始建筑中寻找建筑的根，不是为了回到刀耕火种的过去，而是要重新认识建筑的本质，本真，本源。

第二，文化观念的不同，是造成中西建筑差异的重要原因。其实，就每一个体来说，其生存的态度都是不同的：有的人表现为“进取”的方式，其特点是“征服”与“超越”；有的人表现为“顺应”的方式，其特点是“随遇而安”、“适可而止”；有的人表现为“退避”的方式，其特点是“禁欲”和“克制”。但是在特定的环境背景下，在特定的社会群体中，其中的一种生存方式或生活态度就成为主流，并在群体的支持中得到加强和鼓励，使个体的特征转化为群体的共同特征，成为人们所普遍接受的传统模式。据雅斯贝尔斯的研究，经过一段长期的交融与发展，人类几个重要的文化体系都在大约公元前 5 世纪左右的所谓“轴心期”[11]，奠定了直到今天仍然起作用的基本精神框架。

面对相同的大自然和自然规律，中国人的发现是：只要认识自然、掌握规律，就可以按着这一规律行事，趋吉避凶，确保平安，表现为“顺应”的中庸之道；西方人的发现是：只要掌握了自然的奥秘，就能够改变它、战胜它，使它为人服务，表现为执着的“进取”精神。从此，浑整统一的原始文化开始分化，东西方各自走上了不同的发展道路。

文化模式一经产生，就会渗透到社会生活包括建筑在内的方方面面。中国文化对待客观世界“顺应”的传统模式，使中国古人所掌握的自然知识不是用来展示自己的能量，而是努力调整自己的生活状态，以便能够与整个宇宙的内在律动相合拍（见第四章）。所以在中国人眼里，建筑并不作为展示民族整体实力的载体，而是同服装、车骑、旌旗等一样，不过是用来表现天地宇宙的和谐秩序，表现人之上下尊卑的和谐关系而已[12]，当然它同中国的传统服饰、瓷器等一样也取得了很高的成就，却有着不同的表现形式；西方文化中那种“进取”的传统思维模式，使他们不是以掌握知识为手段来顺应自然，而是把追求知识、学习科学本身当成目的，建筑由于在表达人类技艺方面具有得天独厚的优势，可以充分表现人类最高的技艺，所以被西方人当作人类最重要的技艺，甚至上帝也被誉为伟大的建筑师（见第五章）。

第三，文化观念具有明显的导向作用。西方文化“进取”的生存态度，使他们努力探求世界的本源，从而使建筑放弃了对自然生物的直接比附，而以科学的理性精神为基础，表现人工技艺之精美，促进建筑的不断更新，再更新。所以可以说，西方建筑的历

史就是西方的科学史、技术史、文化史的集中体现。中国传统文化“顺应”的生存态度，关注的是如何调节自我以顺天应地，所以总是试图掩盖人工的痕迹，以“虽由人作，宛自天开”为美，所以不追求体量的高大，而习惯于把人工物比拟为天造之物。据王鲁民先生考证，中国传统建筑的形象被比附为凤鸟，其形式就极力模仿凤鸟的神韵，它深远的出檐，就不仅仅具有遮蔽风雨的功能，而且包含对凤鸟飞动飘逸之势的形象模仿[13]。在中国古人眼里，这种形象增加了建筑的高贵华美，是身份和地位的象征，因而纵使构造复杂，人们也决不放弃。并且，为了从整体上迎合这种观念，建筑的细部构造、整体造型都努力循着这一方向发展，从而形成了中国传统建筑“如鸟斯革，如翚斯飞”的鲜明形象和独特个性。

第四，文化观念的不同，决定了建筑的发展方向不同。作为表现人类最高技艺的建筑，就会随着人们对自然认识的深化而不断发展，在此过程中因其科学性的增强而渐渐褪去宗教性的神秘色彩，使西方传统建筑最终从非理性的宗教性中摆脱出来而成为一种具有科学性的艺术。但是作为道德体现的建筑就不同了，它试图服从于天地人的伦理规范，顺应宇宙间的物换星移，从而抑制了人们探求宇宙奥秘的无穷好奇心，因此与之相应的建筑一旦固定下来，除非社会体制的根本颠覆，就难有大的发展了。

三、客观环境、文化观念与建筑文化

综上所述，建筑之趋同与多元既受自然环境的影响也受文化观念的制约，同时建筑自身（即建成环境）也反过来作用于新建筑的发展方向。

人们习惯于认为建筑的发生首先是由于自然环境的影响，随着社会的发展，人们的要求才日益提高，才对建筑提出了更高的要求，即文化方面的要求。其实伴随着人类的产生，文化就产生了，从早期的建筑中可以看到，实际上自然环境和原始宗教（也是一种文化）对建筑的作用是同时存在的，只是为了叙述的方便，本书才分别对客观环境和文化观念进行分析。其实，客观环境（包括自然环境和建成环境）与文化观念之间并不是毫无联系，它们之间有着非常紧密的联系，并且这种联系影响到传统建筑的形成和发展。

就文化观念来说，它不仅受到自然环境的影响而作用于建筑，同时建筑又通过建成环境反过来影响文化观念；就自然环境来说，它不仅制约着文化观念的形成，文化观念也从自然环境中作出自己的选择并通过文化产品反作用于自然环境；对于建成环境来说，它既是传统建筑的一部分，又作为一个客观存在影响着新建筑的形成并对人的观念造成影响，同时它还侵入自然环境的领地，对自然环境发生作用。

本书试从以下几个方面来谈：

首先，自然环境和文化观念的关系，实际上是物质与意识的关系，这一点马克思辩证唯物主义理论明确指出，物质决定意识。的确，人的思想不可能超越他所处物质环境的制约，这也是我们在建筑的发生和发展过程中看到的。不过，马克思也教导我们，人是具有主观能动性的，人决不是被动地受制于自然环境，而是可以掌握自然规律、运用

规律改造自然的，所以它们是既对立又统一的关系。

人类在同自然环境的斗争中形成了特有的文化观念，而文化观念一经形成和稳定，就成为这一地区或民族的传统文化，反过来指导和影响人们对自然环境的认识和改造[14]。如前所述，人类为了实现理想中的建筑，起初是祈求神的指引和承诺，但人类随着认识自然、改造自然能力的提高，就试图挣脱自然环境的制约，要求自我价值的实现[15]，在建筑中体现人类自身的高度技艺。人类这种不断要求自我价值实现的愿望，提高了对自然环境改造的能力，推动了建造技术的发展和建筑造型的完善，使人类建筑史上出现了一个又一个伟大的杰作。但人类毫无节制的欲望，又会把建筑引向虚荣和浮华，从而失去了建筑本体的自然、质朴与率真。建筑历史上每一建筑风格的衰落总是源于追求奢华、夸张的心理，以致建筑违背材料性能、结构逻辑，最终走向繁琐、堆砌直至衰落。与此同时，普通百姓则在最适用的前提下精打细算，他们只能在有限的人力、物力基础上，实现一点自己的想法，做一点小小的改革，在这种种的努力中相互交流、积累经验，而这些经验和探索就成为下一个伟大建筑实现的基础（图 3—5）[16]。

图 3—5　土耳其民居

其次，文化观念和建成环境的关系。随着新建筑的逐渐增多，建成环境越来越引起人们的重视。新一代的人们几乎完全生长在人工环境中，建成环境不能不对他们的思维方式和生活习惯造成影响。正如英国前首相邱吉尔（Winston Leonard Spencer Churchill）所说："人们塑造了环境，环境反过来又塑造了人。"国际建协第 19 次会议通过的《芝加哥宣言》中提出："建筑物与建成环境在人类对自然环境及生活质量的影响中起着重要的作用。"建筑一旦竖立起来，就在相当长的时间内成为人们生活中的客观环境，并限定了相当固定的思维和生活空间，使人们的日常生活习惯于建筑所规定的模式。实际上生活习惯的延续除了借助于习俗、语言、文字等方式外，建筑也起着重要的作用。明显的例子如罗马万神庙的外观，尽管已经使用了穹顶结构，但人们还不习惯于它的新造型，因此这一极具造型特色的穹顶却被深深地埋在檐墙之后。众所周知，罗马帝国在征服了包括希腊在内的大片地区后，就继承了古希腊的建筑成就。他们赞赏古希腊建筑并认为它们是最值得效仿的[17]，他们总结古希腊建筑的经验，学习古希腊建筑的造型技

巧，甚至他们的建筑有许多是希腊工匠参与建造的。他们习惯于古希腊的建筑形象，把古希腊的传统当成自己的传统加以发扬。当罗马人自己发明了穹顶结构时，却没有想到把它当作人类的最新成就展示出来——就像文艺复兴时那样，而是相反，依然把柱式、山花作为造型的主体，而把穹顶深藏背后，极力接近希腊建筑那样的形象（图3-6），这种思维定式造成的结果是：穹顶结构潜在的造型能力直到100多年后才被真正开发出来[18]；当20世纪初钢筋混凝土作为建筑新材料开始使用时，也遇到了类似的问题。不过建成环境对文化观念的影响并不总是消极的，它也可能成为一种激励因素，促进建筑推陈出新不断向前发展。法国凡尔赛宫的建造就是受意大利园林建筑的影响，尤其是建于巴黎郊外的孚-勒-维贡府邸（Château de Vaux-le-Vicomte）的激发而建造的，这种效仿使得优秀的建筑得以推广、改进和更加完善。

图3-6　罗马万神庙

最后，建成环境和自然环境的关系。建成环境不仅侵占自然环境的空间，而且改变自然环境的运行状态和人们对自然环境的认知。建成环境对自然环境的美化和破坏都是人们所熟悉的，但是随着建成环境对自然环境的侵入，人们对自然环境的认识也发生了变化。一方面建成环境体现了人类巨大的创造力，使人感受到自己的无所不能，从而造成无休止的对自然环境和自然规律的轻视和自我意识的膨胀；另一方面，长期生活在建成环境中的人们，会自觉不自觉地把这种人工环境当成建筑的依据，从而忘记了自然这个最根本的依据，造成建筑相互之间的模仿和建筑的趋同现象。

综上所述，以上诸要素在彼此的互动中对传统建筑的形成发生作用。概括来讲，自然环境是人类基本的生存环境，在传统建筑形成的初期具有重要作用，随着人类各方面能力的提高，其作用逐渐变为间接；建成环境的一贯性和一定量的积累对传统建筑的形成造成重要影响；文化观念是传统建筑形成的关键，文化观念的差异使相同自然环境中的建筑可能会迥然不同，而共同的文化观念可以使建筑超越其环境的制约，形成相似的传统建筑。中西传统建筑的异同，主要是文化观念的异同，中西传统建筑之趋同与多元的内在根据，也取决于他们传统的文化观念。

小　结

通过对人类历史的研究，笔者认为，人类与其他生物最大的不同，是首先在实践中通过对神灵意志的揣度，而后通过语言和文字实现前人智慧和经验的传承，从而使人类的知识代代延传和提高，逐渐走向文明和进步。在这一过程中，各民族和地区逐渐形成自己独特的传统文化。

从建筑的角度来看，传统文化的形成和成熟，标志着人类在一定程度上能够超越对自然世界的依赖，形成相对稳定的建造模式。其文化意义是从物质层面向制度层面的提升，从此人作为一个整体具有了相对的自主性。原始文化中明显的功利性特征有所减弱，建筑表现为以传统文化为核心的文化特征和生存状态。传统文化成为一个民族和地区今后发展的主导力量，决定着人们的思维方式、行为模式以及建筑发展的走向。因此，建筑之异同，主要不再表现为自然环境的异同，而是传统文化的异同。当然，如前所述，传统文化的形成也是人类在自然中反复实践的经验总结和提升，因此传统文化一经形成，就在一定时期和一定范围内具有相当的合理性和适用性，并随着人类的进步不断地发展和总结而具有恒久的生命力。在传统时期，传统文化以其旺盛的生命力成为人们生活中的主导力量，在建筑趋同与多元中起着重要作用。

【注　释】

① 郑光复《建筑的革命》. 第 242 页 . 东南大学出版社，1999 年 5 月

② 罗素说："巫术是一种尝试，它试图按照从严格操作的仪式获取某种特定的结果，它的出发点是对于因果关系原则的认同，认为一旦给出同样的前提条件，就会出现同样的结果。因而巫术可以说是原始的科学。"参见（英）伯特兰·罗素《西方的智慧》. 第 14 页 . 文化艺术出版社，1997 年 11 月

③ 马克思说："任何神话都是用想像力和借助想像力以征服自然力、支配自然力，把自然力加以形象化；因而，随着这些自然力之实际上被支配，神话也就消失了。"科学的普及可以使人们对自然规律有所掌握，从而不需要借助"神力"来达到预期的目的。

④ 有关的观点如：刘致平《中国建筑类型及结构》：中原多木材而少佳石；陈明达《中国古代社会木结构技术发展》和李允稣《华夏意匠》：中国木结构节点在抗震等方面的优势；李约瑟《中国科技史》：中国没有奴隶社会，难以组织大规模的劳工；赵国文《希望与选择——中国近代建筑史论》：春秋铁器出现之前，木构建筑已经成熟并形成传统难以改变；陈纲伦《道与中国传统建筑》：水为生命之源，水生木，因此木是生命之象，所以阳宅用木而阴宅用石。

⑤ 古罗马时代的诗人贺拉斯在《论诗艺》中告诫人们，"你们须勤学希腊典范，日夜不辍"。维特鲁威在《建筑十书》中系统地总结了希腊建筑的实践经验，对古希腊建筑也是推崇备至。

⑥ 这种情形类似家具在人们生活中的作用，美国人类学家博厄斯说："家具是习惯在生活中的表现，

反过来它们又迫使每一代人养成同样的习惯。就这样，家具渐渐使习惯固定下来并变为自发。”参见（美）弗朗兹·博厄斯《人类学与现代生活》. 第 93 页. 华夏出版社，1999 年 1 月

⑦ 引自张良皋《匠学七说》. 第 36 页. 中国建筑工业出版社，2002 年 3 月

⑧ 最为人们所熟知的是埃及金字塔准确的基准线和精确的方位，直到今天，神秘的金字塔依然有着众多的不解之谜。除此之外，奇异的玛雅文明，高耸的巴比伦塔，宏伟的中国古长城……这些都证明人类认识自然、征服自然的能力早已达到极高的水准。

⑨ 中国古代的《九章算数》，大约写成于公元 1 世纪，其中给出了圆面积的计算公式、三角形的勾股定理等，是中国古代一部重要的数学著作，所以说三角形稳定性原理在古代中国并不陌生。

⑩ 参见第二章注释 [13]

⑪ 据雅斯贝尔斯所说：“以公元前 500 年为中心——从公元前 800 年到公元前 200 年——人类精神的基础同时地或独立地在中国、印度、波斯、巴勒斯坦和希腊开始奠定。而且直到今天人类仍然依附在这种基础上。”雅斯贝尔斯把这一极其重要的时期称之为“轴心时代”，视为古典文化的成熟时期。参见周宪《中国当代审美文化研究》. 第 28 页. 北京大学出版社，1997 年 11 月

⑫ 在古代中国，建筑是国家典章制度的一个重要组成部分，三国时魏人阮籍（公元 210～263 年）在《乐论》中指出：“车服、旌旗、宫室、饮食，礼之具也。”

⑬《春秋·左传·桓公十四年》载：“冬，宋人以诸侯伐郑，报宋之战也。焚渠门，入，及逵。伐东郊，取牛首，以大宫之椽归为庐门之椽。”如果不是这檐下之椽有着不同寻常的重要性，宋人是决不会费神去把敌国宗庙上的椽子（而不是梁、柱等今天看来更为重要的构件）弄来用在自己城门之上。参见王鲁民《中国古典建筑文化探源》. 第 17～18 页. 同济大学出版社，1997 年 12 月

⑭ 据心理学家认为，人的传统观念、习俗等固有的思维模式都会影响和左右对事物的观察和认识。爱因斯坦曾说：“你能不能观察眼前的现象，取决于你运用什么样的理论。理论决定着你到底能够观察到什么。”转引自周昌忠《创造心理学》. 第 6 页. 中国青年出版社，1983 年 5 月

⑮ 根据马斯洛的需要层次理论，人在生理需求、安全需求等基本需求得到满足之后，就提出自我实现的更高要求。所以当人类通过自己的努力保证了自身的基本需求之后，就必然会有更高的要求。

⑯ 勒·柯布西耶在东方之行中，沿途看到普通的民居建筑和民间工艺品，深受启发，他在《东方游记》中写道：“这些不需论理的人，最杰出之处就在于对有机的线条的本能的鉴赏力，这种线条产生于最合乎实用需要的线和勾画出最丰满的体积的线的相互作用之中，因此是最美的。”这些认识，成为他日后新建筑思想的一个重要的理论基础。“土耳其民居”就是勒·柯布西耶在东方之行中所画的速写。

⑰ 见本章注释 [5]

⑱ 穹顶在建筑构图中的重要性直到 15 世纪初，在佛罗伦萨主教堂的穹顶上才有所体现。而在西方建筑历史中，以穹顶为中心的集中式构图，要到 16 世纪初的坦比哀多时才渐趋成熟、完美。

第四章

中国传统建筑中的趋同与多元

礼也者，合于天时，设于地财，顺于鬼神，合于人心。

——《礼记·礼器》

天地与我并生，而万物与我为一。

——庄子《齐物论》

古代中国经过漫长的文化交融，在秦始皇的统一下，形成以朴实、沉稳的周文化为基础的文化体系。在历代君王的倡导下，中国传统文化以儒家思想为主干，儒释道互生互补成为几千年来中国人一切生活的重要准则。

『小桌呼朋三面坐，留将一面与梅花』

第一节　独特的传统文化

一、认识的独特性："协同进化"的自然观

以农耕为基础的传统中国，对自然有着强烈的依赖和敬畏，形成了中国传统以顺应自然、与自然协同进化为特点的自然观。

传统儒家的代表人物孔子认为，天地间的日出日落、四季循环是一种自然而然的现象，他在《论语·阳货》中是这样说的："天何言哉？四时行焉，百物生焉。天何言哉?"《荀子·天论》中也说："天行有常，不为尧存，不为桀亡。"这就意味着：天地的运行自有其规律和周期，并不以人的意志为转移，人只能顺应它、服从它。至于宇宙自然究竟是什么的问题，则不必也不应追究。荀子继续说："唯圣人为不求知天。"虽然人不必知道自然究竟是什么，不过古人认为人可以接受自然感应，并调整自己的行为以利于生存，这就是董仲舒在《春秋繁露》中提出的天人感应说："天有四时，王有四政。四政若四时，通类也，天人所同有也。"强调人与自然的相通和同质性；《中庸》早已有这样的总结："唯天下至诚，为能尽其性；能尽其性，则能尽人之性；能尽人之性，则能尽物之性；能尽物之性，则可以赞天地之化育；可以赞天地之化育，则可以与天地参矣。"大意是说，人只要顺应自然天性，就能物尽其用，人尽其能，形成天地人三者共生共存的和谐景象。

中国传统的自然观就是建立在这种人与自然相通共生的基础之上，因此人与自然就不是对立和抗争的关系，而是和谐顺应的关系。在中国古代思想家中，荀子是最有进取精神的，但也只是说："强本而节用，则天不能贫；善备而动时，则天不能病；循道而不二，则天不能祸；故水旱不能使之饥，寒暑不能使之疾，袄怪不能使之凶……"（《荀子·天论》），强调积极地去适应自然并与之相协调，还没能达到与自然相抗争的程度。

道家老子亦认为天地与人是共生为一的，老子《道德经》曰："故道大，天大，地大，王亦大。域中有四大，而王居其一焉。"这就把天、地、人放在一个统一的整体位置来对待，更强调两者的同一性而不是对立性。接着他又说："人法地，地法天，天法道，道法自然。"这就说明了天地人之间的先后层次关系。人最终是要效法自然天道的，从这一点来说其实质与儒家的自然观不谋而合。

既然人与自然是一种共生同一的关系，那么人必须顺应自然才能成就大事。"故作大事必顺天时，为朝夕必放于日月，为高必因丘陵，为下必因川泽"（《礼记·礼器》）。因此，"保护自然就是保护自己"这一朴素的可持续观念在中国就是很自然的。比如关于保护山林资源的思想，如表4－1所示，对不同时令都有严格的规定。

夏商周等朝代制定的有关保护和管理山林的制度与禁令："春三月，山林不登斧斤，以成草木之长"。《孟子·梁惠王上》中有"斧斤以时入山林，材木不可胜用也"。这有两层意思：一是在林木发芽、生长的阶段，严禁采伐林木。"草木荣华滋硕之时，则斧斤不入山林，不夭其生，不绝其长"。二是林木落叶、枯黄的时候，

才能砍伐树木。“草木零落，再入山林”①。

依“时”采伐林木资源表　　　　**表 4—1**

月　份	保护山林资源的具体措施
孟春	天子命祀山林川泽。禁止伐木。
仲春	保障树木发芽。禁止伐木。
季春	命令野虞阻止人们砍伐桑柘。
仲夏	禁止用艾蓝作染料，禁止烧灰。
季夏	树木方盛，命野虞进驻山林进行管理，禁止斩伐。
季秋	草木开始零落，可以开始伐薪烧炭。
仲冬	采伐能够食用的野生植物，以补食用，虞人要作好安排，禁止掠夺。
季冬	开始收薪柴，保证郊庙、百姓取暖所用。

关于保护动物资源方面也有类似的规定（表 4—2）：

夏商周有关保护动物资源的禁令：“夏三月，川泽不入网略，以成鱼鳖之长”。孔子在《论语·述而》也提出“钓而不纲、弋不射宿”。是指注意鱼类和鸟类的持续存在，给它们留下生路。此外，“三驱失前禽”成为古代田猎的行为规范，指打猎时，只围三面而在前边设门，允许面向猎者跑来的禽兽从门逃掉②。

依“时”保护、利用动物资源表　　　　**表 4—2**

月　份	保护动物资源的具体措施
孟春	禁止用母畜雌兽作为牺牲用品。禁止覆巢毁卵。禁止毁杀幼虫、胎夭、飞鸟。禁止捕获幼鹿。
仲春	养育幼少。祭祀不用牺牲（动物祭品）。
季春	做好牛马配种工作。禁用兽罟、罗网等工具。禁止用毒药捕兽。
仲夏	让怀胎的母禽离群，以加保护。
季秋	可以进行田猎。
孟冬	命令水虞、渔师做好渔政管理工作，收取山泉池泽之赋。
仲冬	可以田猎禽兽，以补充食物之不足。
季冬	命渔师开始捕鱼。

相应地，还制定了有关水资源和土地资源等保护措施，这些都说明了中国传统思想中具有类似于现代生态伦理学的观念。所以中国传统建筑从来都不是那种与天抗争的向上之势，而是匍匐于地、平面铺展的空间序列，甚至中国园中的理水都是顺应水的平淌下流之态，而从不努力使之喷发向上……这些观念奠定了中国传统建筑的总体基调。

在中国传统的观念中，只要天地人保持一种秩序井然、层次分明的关系，人就可以同宇宙自然和谐共生、日久天长。这种秩序的获得首先要求人对自然的尊从和顺应。其次，也要求人与人之间尊卑有序的等级关系，中国古人认为只有这样，人与人之间才能

取得一种和谐的关系。本来，人与人之间存在着一种自然的人伦关系，就是以血缘为基础的相互关系，如亲子、夫妇、兄弟姐妹等关系。我们说父慈子孝，兄友弟恭，夫妻和睦都是人之常情，这就是自然的人伦关系，但孔子认为这样还不够，还不足以维持人们之间的和谐关系。所以孔子以此为基础发展了一种叫做宗法人伦的关系，即人与人之间按照中国传统宗法制度所形成的一种等级关系，即上下尊卑的关系、支配顺从的关系，也即是“君臣”的关系。孔子是如何实现这种转变的呢?《论语·阳货》中有一段对话就是生动的例子：

宰我问三年之丧，期以久矣。君子三年不为礼，礼必坏；三年不为乐，乐必崩。旧谷既没，新谷既升，钻燧改火，期可已矣。子曰，食夫稻，衣夫锦，于女安乎?曰安。女则为之。夫君子之居丧，食旨不甘，闻乐不乐，居处不安，故不为也。今女安则为之。宰我出。子曰，予之不仁也。子生三年，然后免于父母之怀。夫三年之丧，天下之通丧也。予也有三年之爱于其父母乎?

大意是说，宰我问，父母去世，守孝三年，时间太长了。君子三年不去实行礼仪，三年不去奏乐，礼乐必坏。谷物的新旧交替，一年一轮回，丧期一年也就可以了。孔子说，你父母死了不到三年，便吃稻米，穿锦衣，你心安吗?宰我说安。孔子说，你心安你就去做吧，君子守孝期间，纵使美食、音乐也无心欣赏，居住坐立都不能安宁，所以才不干，现在你能心安，你去干吧。宰我走后，孔子说，他真没有仁爱之心啊，孩子出生三年以后才能离开父母的怀抱，所以守孝三年是天下通行的丧礼，宰我对他父母难道没有三年怀抱的养育之恩么?

在这里，“孔子把‘三年之丧’的传统礼制，直接归结为亲子之爱的生活情理，把‘礼’的基础直接诉之于心理依靠…… 这就把‘礼’及‘义’从外在的规范约束解说成人心的内在要求，把原来的僵硬的强制规定，提升为生活的自觉理念，把一种宗教神秘性的东西变而为人情日用之常，从而使伦理规范与心理欲求融为一体，‘礼’由于取得这种心理的内在依据而人性化，因为上述心理原理正是具体化了的人性意识。由‘神’的准绳命令变而为人的内在欲求和自觉意志，由服从于神变而为服从于人，服从于自己，这一转变在中国古代思想史上具有划时代的意义”③。这样，中国人一生所追求的最大成就是“忠孝两全”，一生中最大的罪孽是“不忠不孝不义”。

可见宗法人伦既是自然的又是人为的，既是等级森严的又是要求团结和睦的，既把人按尊卑上下分离对立起来，又要按亲情感情联系起来，这就把合理与不合理、温情与冷酷相互交织杂糅在一起。当人们反对它的冷酷和不平等时，又不得不顾及到亲情恩情；当颂扬父慈子孝时，却也在赞扬其严厉的伦理常纲；当人们终于“媳妇熬成婆”时，又岂愿放弃难得的尊贵地位和颐指气使的权力?就这样，这种特别的宗法人伦关系就成为中国人挥之不去的传统，体现在日常生活的方方面面。中国传统建筑就是这种宗法伦理关系的再现，层层递进的院落，高低错落尊卑有序，长幼有别，等级分明（图4－1）。

图 4-1 高低错落的屋宇和层层递进的院落

二、表达的独特性："以善为美"的美学观

中国古人特有的认识方式，决定了特有的思维方式和表达方式。既然自然与人是同质相通的，那么就可"以己及物，以物喻人"。在中国传统的美学观中，最值得注意的应当是孔子的"君子比德"[4]说。本来，物质实体并无高尚与卑下之别，只是由于人的类比，才具有了某种特殊的品德而变得美或丑。所以在中国传统艺术中，最重要的不是表现的真实性，而是其内在的律动是否与人产生共鸣，是否能触动人们"善"的情感。孔子在《论语》中主张"里仁为美"，意即人只有与"仁"相融一体，才会显示出美来。

《礼记·乐记》中也说："先王之制礼乐也，非以极口腹耳目之欲也，将以教民平好恶而反人道之正也。"因此中国传统的艺术非常注重表现"善"的方面。有一种观点认为，中国的艺术重表现，西方艺术重再现，也许不无道理。

首先中国传统艺术表现服从自然、顺应自然的观念，并不只是简单地模仿自然之形，而是要以最简约的形式，显示自然之勃勃生机，表现万物之精彩神韵，体现天人相和的美好景象。如《白虎通·德论》中所说："子曰：乐在宗庙之中，上下同听之，则莫不和敬。族长乡里之中，长幼同听之，则莫不和顺。在闺门之内，父子兄弟同听之，则莫不和亲。故乐者所以崇和顺，比物饰节。节文奏和以成文，所以合和父子君臣，附亲万民也。是先王立乐之意也。"艺术表达的目的是引起"善"的感动，达到"和"的境界。

其次，在追求人与自然和谐共生的过程中，中国传统的美学追求人自身同宇宙本体相融合一的人生境界，即审美境界（意境）。"意境"是中国传统美学中最具民族特色的方面，指诗词、绘画、园林等各门艺术中，借匠心独运的艺术手法熔铸所成情景交融、虚实统一、能深刻表现宇宙生机或人生真谛，从而使审美主体之身心超越感性具体，物我贯通，当下进入无比广阔空间的那种艺术化境⑤。意境所展示的是整幅浩瀚无垠的宇宙生命图景，所奏鸣的是整首永恒无限的宇宙生命交响乐曲。中国传统美学常以意境之有无，来衡量艺术品的美丑或成败。以这样的审美观为主导，形成中国传统节制和收敛的生活态度和审美情趣。中国传统的建筑不追求高大的体量和无限膨胀的容积，而是以简单的梁架、虚实相间的布局形成张弛有序的空间节奏，中国古典园林不讲求一望无际的威严气势，而是小桥流水、委婉动人，园中理水不追求喷发向上的人工奇景，而顺应自然就下之势，平稳舒缓，宁静致远。

最后，天人相通的思想制约着人们的行为方式，形成中国传统文化中特有的以善为美的审美观。一幢建筑之所以美，不仅仅因为它符合美的原则和构图原理，看起来赏心悦目，更因为它符合中国人心目中的宇宙秩序，象征着人与自然世界的和谐。根据传统的风水说，中国的昆仑山是世界的中心，从这里源源不断涌出的"真气"或"生气"，通过四周延伸的条条山脉，即所谓"干龙"和无数小龙的引导，被输送到神州大地的每一个穴口，从而滋育一方土地山水，也滋养一方民众⑥。所谓相地就是把握这些真气的走势，寻找那些穴口，使之纳入自己的宅邸建筑之中，才能使自己以及后人生生不息，代代兴旺。因此风水师们说："夫宅者，乃是阴阳之枢纽，人伦之轨模。"⑦在中国古人的眼里，这种能够给人们带来吉祥安宁生活的建筑才是最美的。中国古人从而放弃了对建筑体量之高耸与内部空间之深广方面的追求，而致力于这种容天纳地，依山控河的"大壮"之势⑧。

三、接受的独特性："趋利避害"的人生观

按照中国传统的观念，既然天地的运行自有其规律和周期，人似乎就只能是"生死由命，富贵在天"。不过其实也不是那么被动和无奈，孟子在《孟子·尽心上》中就提出"莫非命也，顺受其正。是故知命者，不立乎岩墙之下"。意思是说，虽然无一不是

命运的安排，但顺理而行，所接受的便是正命，懂得把握命运的人不站在有倾倒危险的墙壁之下（注意：不是把欲倾倒的墙壁扶正，而是避开它！），也就是说，人是可以主动避开危险之地的。孔子在《论语·里仁》里也说“朝闻道，夕死可矣”，其实就是说，人是可以认识“道”的，只要掌握了自然的规律，人就可以“趋利避害”。同时还应当注意到，孔子这种宣言式的表白，所强调的是以道德而不是以物质作为人生的价值尺度。不仅如此，他还为人们树立了一个理想的典范——颜回：“贤哉回也！一箪食，一瓢饮，在陋巷，回也不改其乐。贤哉回也！”（《论语·雍也》）意思是说，颜回真是个有贤德的人呀！一竹筒的饭，一瓢清水，住在简陋的小房子里，别人都受不了这样穷苦的生活所带来的忧愁，颜回却不改变他自有的快乐。同时，孔子自己也是以身作则，努力做到“饭疏，食饮水，曲肱而枕之，乐亦在其中矣。不义而富且贵，于我如浮云”。（《论语·述而》）此外，在中国古人的观念里，生老病死是人生的自然常态，没有什么可探究和抗争的。“人有悲欢离合，月有阴晴圆缺，此事古难全”。人生的快乐如孟子所总结的，“君子有三乐，而王天下不与存焉。父母俱存，兄弟无故，一乐也。仰不愧于天，俯不怍于人，二乐也。得天下英才而教育之，三乐也。”（《孟子·尽心上》）在此基础上，奠定了中国古人“顺其自然”、“安贫乐道”的基本的人生价值取向。但人的本性是向往安逸、舒适和享受的，那么，是什么支持着人们甘于贫困呢？按老子的说法，人是应当效法天道，而天道就是“不争而善胜”的，不过这似乎有一种不得已的意味。而孔子就要积极主动得多，他说是为了追求一种“仁德”的道德境界，为了道，死都不惧，贫困算什么？不过他也承认，能这样做的人实在是太少了，所以孔子接着说“学也禄在其中”（《论语·卫灵公》），就是说，有知识有学问就可以得到丰厚的俸禄，还说“学而优则仕”（《论语·子张》）。这样，对道德的追求和对高官厚禄的追求就取得了内在一致性，就可以使人寒窗苦读，不惧暂时的贫苦。但对道德的特别强调，就抑制了对物质的刻意追求，起码社会上普遍形成了这样的共识：有道德的人比有财富的人更值得人们尊重。《韩诗外传》卷五：“彼大儒者，虽隐居穷巷陋室，无置锥之地，而王公不能与争名矣。”刘禹锡的《陋室铭》更是千百年来为中国人所传颂的佳篇名作，成为古中国读书人自命清高的最好说辞。中国传统建筑也是提倡“卑宫室”的，《墨子·辞过》还提出这样一条建筑原则：“为宫室之法，曰室高足以辟润湿，边足以圉风寒，上足以待雪霜雨露，宫墙之高足以别男女之礼，谨此则止。凡费财劳力，不加利者，不为也。”当然帝王们的建筑自是不受此限的，因为“天子以四海为家，非壮丽无以重威”，从而名正言顺地成就了那些壮丽辉煌的阿房宫和气势夺人的故宫。

在“安贫乐道”思想的倡导下，中国人的整体人格中对财富的欲望，对舒适的欲望都在道德的约束下受到抑制，对官职的追求则借口“学而优则仕”而成为古代中国文人们公开的和趋之若鹜的共同追求，在诸如“头悬梁，锥刺股”的故事激励下，多少人“十年窗下无人问，一举成名天下知”（《归潜志》卷七），更有多少人十年寒窗，名落孙山。这时候，“安贫乐道”就成为人们心理的最后安顿。一些人看破红尘，遁入空门，过起谈佛论道的清贫日子，也能乐得其所；一些人或归隐山间，或云游四方，也乐得逍遥自在。其实，仕途之门难入，仕途之路更难走，一些官场不得志的人，一些对时事不

满的人，一些被罢免官职的人，也无不以"安贫乐道"聊以自慰。

这样一种顺应自然和安贫乐道的自然观和人生观，使中国古人的智慧和才能没有被用来发展先进的科学，而只停留在实用的层面上。中国古代的天文学，只限于农业用历或"观天象而卜人事"等，尽管记录和积累了大量宝贵资料，却没有设法探究其规律，并把这种直观的经验和数据提升为系统的科学，使后人缺乏不断深人发展的基础。不仅如此，老子在《道德经》中还提倡："不尚贤，使民不争；不贵难得之货，使民不为盗；不见可欲，是民心不乱。"意思是说，不要标榜贤能的人，这样人民就不会争求功名；不要珍视稀有之宝，人民就不会去做盗贼；不展示可贪的事物，人民就不会心乱浮躁。这种思想虽出自道家老子之口，却与儒家正统思想不谋而合，因此就有了"奇技、异服，典礼所禁"的法令。这种对奇技淫巧、精密工业以及科技发展的禁令，以及所谓"玩物丧志"等观念，使中国的学术思想在工商科技发展上始终驻足不前，而停留在靠天吃饭的农业社会的基本形态上。中国传统建筑也从思想上放弃了那种与自然对立和抗争的努力，不苛求建筑的永恒，只选用具有生命感的木材作为建筑材料，而把精力转向对自然的感悟和沉思方面。可见，中国传统文化重视的既不是祈求超自然的神力，也不是与天地的对立抗争，而是自觉主动地顺应大自然的内在律动来赢得人类的生存空间。

由上所述可以看出，自然观是中国传统文化形成的基础，由于追求与自然的顺应与和谐态度，形成"安贫乐道"的人生观，采取"以善为美"的表达方式和"趋利避害"的接受方式，从而抑制了对宇宙天地的好奇心和抗争欲，形成中国特有的传统文化和思维方式，成为千百年来中国人思想行为的根据，也是传统建筑形成和发展的基础。

第二节　中国传统建筑的趋同性

对于中国传统文化来说，建筑就是体现天地人以及人与人之间伦理关系的载体。因此，人的行为包括建筑活动只要遵循整个宇宙的内在律动，世界就会在这种和谐的秩序中周而复始、天长地久。所以体现自然和人伦的和谐秩序就是中国传统建筑不变的设计准则，是建筑趋同性的基础。

一、追求人与自然的和谐关系

中国传统观念中，建筑是天人交通的媒介。《黄帝宅经》曰："人因宅而立，宅因人得存，人宅相扶，感通天地，故不可独信命也。"《隋书·宇文恺传》也云"人民疾，六畜疫，五谷灾，生于天道不顺，天道不顺，生于明堂不饰。故有天灾，则饰明堂"。因此，建筑能不能依照天道理法去营造是至关重要的大事。在追求人与自然的和谐关系中，中国传统建筑形成了横平竖直、井然有序的设计方法和审美取向。

据史箴先生考察，"井"在中国传统文化中有着特殊的涵义，更与建筑有着千丝万缕的联系，"井"与古代建筑直接而广泛关联的表象，是不胜枚举的[9]。"井田制"是对

全国耕地进行区划的方法，一“井”包括约 40 亩方整的土地，每边各以三分，割成 9 个等方块，8 家农户各耕耘外围 8 块方地，并共同耕种当中一块“公地”（图 4—2）。许多学者认为，井田制的起源，至少可追溯到夏代，此后，历商代而盛行于周代，直至春秋战国之际历时长达 2000 年[⑩]。这种理想化的土地区划虽然随着铁器的推广运用逐渐瓦解消亡了，但这种间架性的设计方法在传统设计中留有深深的印迹，大到都城规划、建筑组群布局，小到局部构件的形式构成等无不如此。

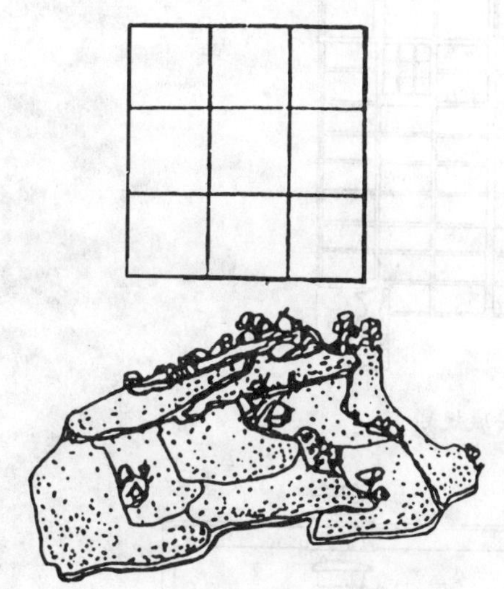

图 4—2　井田制示意图

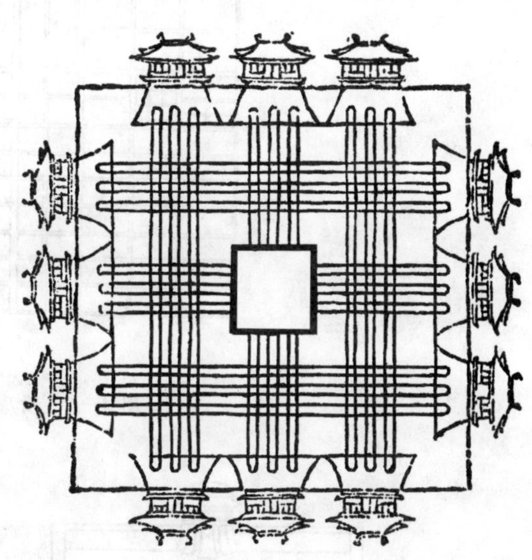

图 4—3　《考工记·匠人》营国制度复原平面

就都城规划方面来说，古代中国很早就已对都城进行人为的有条理的区划。据文献记载，西周、春秋战国时的都城已有相当规整的布局，后来出现的长安、洛阳、开封、南京、北京等无论规模大小，据贺业钜先生在《考工记营国制度研究》中的考证，都是源于井田制这种井田方格网系统的规划方法，一直为后世所继承、发展而为中国城市规划的传统方法。据战国间流传的《考工记》中有关都城营造制度的记载，“匠人营国，方九里，旁三门，国中九经九纬，经涂九轨，左祖右社，面朝后市”，显然沿袭了井田制的形制（图 4—3）。尽管战国以前的都城还没有找到严格按这种布局建造的，但在汉以后，都城的规划则大多根据这一记载规划了。西汉长安城，平面虽呈不规则形状，但主要街道仍做成丁字或十字相交，划出大街三道，还建有闾里 160 个。尽管由于环境所限，在实施中不能严格按理想方法规划，但这种追求规整划一的思想还是明显的。发展到隋唐长安、明清北京就显得更加精致、宏大和规则齐整，成为古代中国特有的城市面貌（图 4—4）。

中国古代最重要的礼制建筑——明堂，虽然有关其功能和型制的争议很多，但据考古发掘来看，学者们大多同意其形式为十字轴对称的方形平面，内部按井字形划分五室或九室。其平面原型，正如《明世宗实录》所记载，明世宗询问明堂，大学士杨一清说“明堂，乃王者之居，以出政治之所，其规法井田，随四时方向坐以朝诸侯，施政令”（图 4—5）。东汉班固《白虎通·明堂》也说“九室法九洲”，认为九州也是井田的产

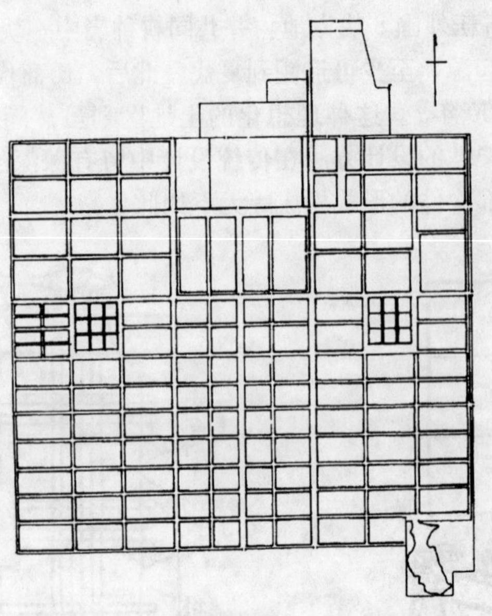

图 4—4　隋唐长安城规划

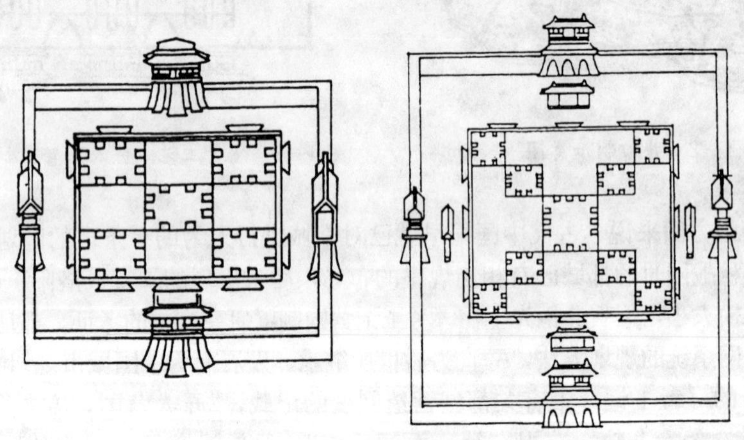

图 4—5　古代明堂图

物，是推及整个中国的井田。中国古代建筑组群，无论是住宅、庙宇或皇宫，其典型形式大多以四合院为基本组合单位。四合院的形式就是一个井田式的间架结构，四周环以房屋，中间一个公共的院落，院落中常见的十字形铺地，更强调了这种井田式的结构图式。在山西晋中民居建筑中，还有一种四周房屋都做成单坡向院内倾的形式，当地人谓之“肥水不流外人田”，这种把宅院与“田”相联系的说法是很恰当的类比。此外，建筑柱梁的平面与竖向布局、重要建筑室内的藻井形式以及斗栱的纵横穿插等都能使人想到井田式的间架结构。不可否认，这些构架和型制的产生一定还有其他方面的因素。但是，“从农田到国土，从村社到城邑，从明堂到宅院，从市井到陵墓，从楼台到天花，

从规划到设计，从构造到装修，‘井’同传统建筑构成如此广泛的直接关联，显然都并非出自偶然”（图 4—6）[11]。

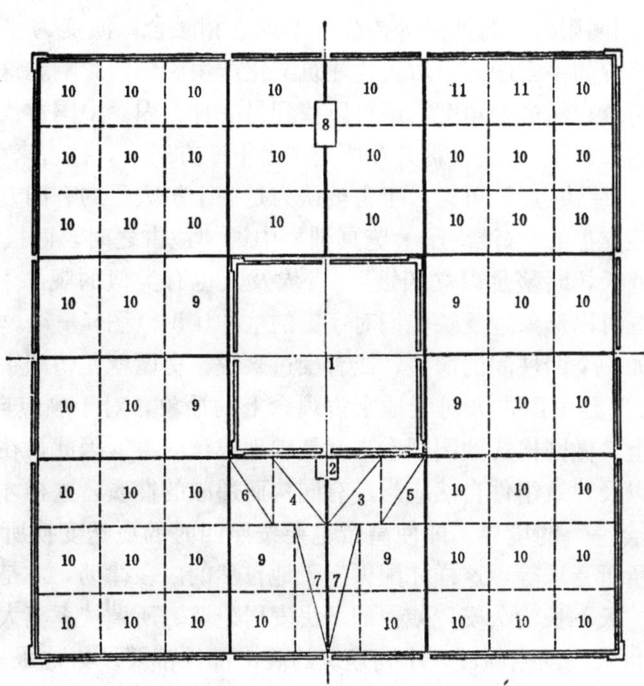

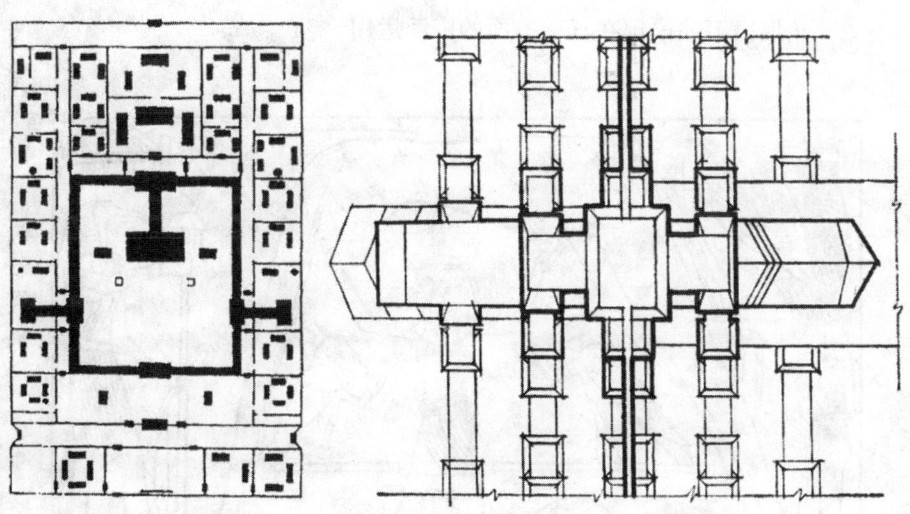

图 4—6　方格网建造模式

为什么井田式的构架在中国古人心目中具有如此特别的意义呢？史箴先生从以下六方面说明其原因：一是存在空间的图式意义，说明井字所具有的稳定的知觉图式体系；

二是经纬坐标网络体系的图式意义，说明其网络法制图的科学性；三是结构形态的图式意义，说明其结构形态的合理性；四是形式美的图式意义，说明井字具有形式上的审美价值；五是“九数”的数理图式意义，以一至九的“天地自然之数”及其规律创制的九宫图式，九被赋予了特别重要的意义；六是洛书太极的宇宙图式意义，以九宫图式和“九数”数理图式同阴阳、五行八卦等传统哲学观念相融合，演变为“洛书九宫”及八卦太极图等中国传统的宇宙图式，对古代建筑文化产生深刻的影响，这些原因都是有说服力的。如果从传统自然观的角度，还可以找到另一种原因。中国古代的“宇宙”观念与建筑有密切联系，《尸子》卷首篇开章所谓“上下四方曰宇，往古来今曰宙”。在《说文》中也说：“宇，屋边也。”可见，宇宙被认为是一个扩大了的有四方上下所限定的屋宇，天是由四根柱支撑的，《淮南子·览冥训》中说“往古之时，四极废……于是女娲炼五色之石以补苍天，断鳌足以立四极”。古埃及人也有类似的观念[12]，一幅名为《天与地的分离》的画可以形象地反映他们对宇宙的这种认识（图4—7）。可见，在古人眼里，天地间就是如一个四柱间的房屋，或者反过来说，房屋就是仿照宇宙的这种形式建造的。“天圆地方”是中国古人对天地宇宙观念上的抽象，对于顺应自然的中国古人，在“方”的国土上，做网格式的制图看来就是顺理成章的事。因此，在这个大网格中设计的都城、建筑以及建筑组件自然应当具有同构而递减的性质，这样才能达到那种“物我为一”、“天人合一”的境界。即使皇帝也要按照四时的更迭变换所住房间、所穿服饰、所吃食物及所听音乐等，这样才配得上天地自然的内在律动，才是一个天子应当的作为，才能使他的天下长治久安，使他的子民安居乐业。所谓“孝莫大于严父，严父莫大于配天”[13]，所以大到国家疆域，小到建筑的装饰部件都要严格地服从于“自然天成”的井字形方格网设计，这或许是其最初的来源，遂成为古代匠人的一种思维定式，使他们视而不见三角形稳定性原理在其他方面的广泛运用[14]。

图4—7 “天与地的分离”

在这样的自然观和设计原则指导下，中国传统建筑自汉以后，自觉地抑制了那种与自然相抗衡的大尺度、高体量建筑，一些有高度和体量的建筑类型如塔、楼、阁等再没有成为传统建筑中的主流。中国传统建筑采取的是一种平面展开的、线性推进的设计图式，人们在曲折流转、开阖有序的空间中体味建筑的意义。有人说中国的传统艺术是启发性的，恐怕有一定道理，中国的京剧凭演员的唱念做打，而不用真实的道具，来激发观众的想像力；国画中大片的留白更给观者留下无尽的遐思；传统建筑莫不如此，它是在与自然和谐、共生中创造“与天地合其德，与日月合其光，与四时合其序，与鬼神合其吉凶”（《周易·乾卦》）的审美意境。

二、体现人与人的伦理秩序

如上所述，中国传统讲究人与自然和谐而有秩序的关系，同理，人与人之间的关系也是如此。正如天地人具有伦理等级关系一样，人与人之间也有高下尊卑之分，建筑须按着这一伦理常纲去经营，如《黄帝宅经》云：“夫宅者，乃是阴阳之枢纽，人伦之轨模。”《礼运·礼记》：“昔者先王未有宫室，冬则居营窟，夏则居橧巢……后圣人有作，然后修火之利。范金，合土，以为台榭、宫室、牖户……以降上神与其先祖，以正君臣，以笃父子，以睦兄弟，以齐上下，夫妇有所。”可见，建筑不仅是天人交通的媒介，也是人伦常纲的载体。因此，尊卑有序、男女有别是传统建筑设计中不可忽视的重要因素，其中有关等级方面的规定也是极为详尽周全而又需严格执行的，即便没有建筑知识的普通百姓也都是耳熟能详不敢逾越的。

从使用者的角度来说，位于最高等级的自然是与天神和天子有关的建筑，并且还要根据不同的使用内容有所区分和分级，如处理朝政、办理国家大事的殿堂在同类建筑中具有最高的级别，其余依其用途区分等级；祭拜天神的寺庙（如天坛）就是祭祀建筑中的最高等级，地神则次之，宗庙再次等等；日常生活用房也是依主人的地位而尊卑有别、男女有别等等。

从建筑所占有的方位、地形、地势到构件的形式、色彩等方面来看，都是等级分明不可逾越的。如屋顶的形式，以庑殿顶最为尊贵，其次是歇山顶、攒尖顶、悬山顶和硬山顶，最低等级是卷棚顶。而重檐又较单檐为贵；建筑的体量方面，则“天子之堂九尺，诸侯七尺，大夫五尺，士三尺，天子、诸侯台门”（《左传·隐公五年》）；有关斗栱的规定更为具体，如《唐六典》卷23云：“凡宫室之制，自天子至士庶各有等差。天子之宫殿皆施以重拱藻井，王公诸臣，三品以上九架，五品以上七架，并厅厦两头，六品以下五架。其门舍，三品以上五架三间，五品以上三间两厦，六品以下及庶人一间两厦。五品以上得制乌头门。”唐以后各朝均有新规定，但大框架仍不出《唐六典》；从颜色来看，以黄色为贵，为帝王所用，王公官府可用绿色，至于普通百姓就只能用青灰色。

平面布局方面，为了体现层层的伦理等级，建筑采用对称的形式。位于主轴线上的建筑最为重要，所谓“居中而尊”；次轴线上的建筑次之；轴线两边的建筑则属陪衬地

位。建筑就是这样按照重要性的差异放置在不同的位置（图 4—8）。此外，在平面铺展的建筑群体中，一座建筑要取得突出的地位，除了其他的手法外，色彩也具有重要作用，重要建筑在色彩上处理得最大胆、最纯净，使建筑的等级毫不含混地鲜明和突出。

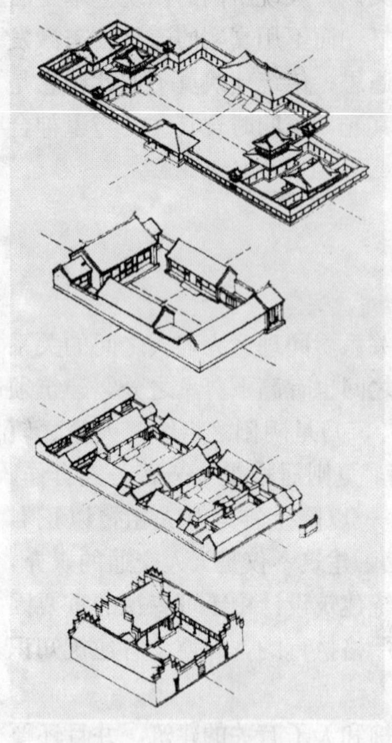

图 4—8　轴线的作用

图 4—9　秩序井然的场景

这样整个一套处理下来，无论多么宏大的场景，建筑的等次、尊卑都是一目了然的，这正是中国传统文化所追求的理想世界（图 4—9）。照理说，与这一理想世界相联系的，应当是自由开敞的空间和亲切和谐的氛围，然而，展现在古中国大地上的是无限伸展的"墙"。"墙"成为中国传统建筑中又一引人注目的景观，也是世界建筑中一道别具特色的风景（图 4—10）[15]。

尊卑有序、上下分明的社会图景如此鲜明，它既昭示着人间不可更动的秩序，又在刺激着人们为改变自己的地位而奋争。表面上每个人都在按规范行事，但实际上没有人甘于固定在自己现有的位置，总是觊觎着更高的去处。在谦卑、屈从掩盖下的是尔虞我诈、心怀叵测。在这种情形下，内心的真实更需要一个坚实的屏障来保护，建筑中封闭性最强的"墙"就承担了这一任务，成为建筑中重要的构成要素。它不仅具有避邪阻恶的象征意义，更有阻隔视线、阻隔声音和保护自己的实用意义。不仅国家疆域要用万里长城来固守，就是一个城邦、一座宫室、一处宅院都是用厚重封闭的墙团团围起。而每一这样的空间，不论大小，都是一个自我完备、不假外求的系统。家庭、宗族或行业等特定团体，可以在自己的空间中特立独行[16]，这就是如缪朴先生在"传统的本质"中所说的，空间不是按建筑"功能"分区，而是按人分区，形成各集团间相对隔绝、自成一

体的小环境，成为一个可以保护自己、抵御他人、舒张自我的空间。这样的空间分区，墙的数量自然就增加了。于是，尊卑有序的景象和无限铺展的墙就共同组成了中国大地的独特景观。

图 4—10　中国传统建筑中的“墙”

有人说中国传统建筑是人本主义的，因为它不向往天国，而着重表现人的世界；不重视高度上的追求，而采取依附于大地的亲近人的尺度；不以高大结实的体量取胜，而以空间的开阖及房间的组合关系引人入胜。但笔者认为，就是在这井然有序的空间关系之中，个体的人格被扭曲和压抑了。因为这种空间关系实际上就是人的关系，是人在社会中身份、地位和价值的体现，它是鲜明的又是不容更动的，任何表现个人好恶的做法都被限制在极其有限的范围内，即使在最具私密性的家庭中，这种秩序也被强调得一丝不苟。人及其所使用的房屋、所穿着的服饰、所使用的器物无不像固定在一张预设的网上一样，其形式、色彩、风格等都是预先确定的。孔子曰“君子有三畏，畏天命，畏大人，畏圣人之言”（《论语·季氏》），有了这“三畏”，人还有什么独立个性可言？应当说，西方传统建筑也是不重视个性的，不过却以宗教的形式把人们召唤在上帝的名下。其宗教的含义是，面对惟一的上帝，人人平等。对于西方人来说，建筑代表了人类整体的最高技能，是全体人类的骄傲。中国的情况就不同了，建筑中的每一规定都是针对个人的。在井然有序的世界中，个人的优劣尊卑都被无情地揭示出来，然后又被无情地束缚在固定的网络中难以更动。实际上，在表面和谐的秩序中人人自危，所以说中国传统建筑恰恰是把个人提取出来而后又被压制了的，人的个性无法张扬。作为一种心理补充，在古中国就有了古典园林曲折回转、意犹未尽的深邃意境，有了唐诗宋词借景生情、意味深长的千古绝句。

在传统文化观念的作用下，古中国的大江南北，尽管地域性的差异还存在，尽管民风、民俗各不相同，其建筑却也基本上整齐划一了。

第三节 中国传统建筑的多元性

尽管传统文化的作用无处不在，然而一个大帝国的统一不可能铁板一块。从物质环境层面来看，“山高皇帝远”，边远地区的建筑可以不受或少受主流社会的影响，形成自己的独立风格；从社会层面来看，也难能“万众一心”，对朝廷不满而逍遥在外的隐士、不问时事的普通百姓，都可能在一定程度上偏离大一统的精神，拥有自己的表现形式；从文化层面来看，除了占主流地位的儒家文化外，佛、道作为中国传统文化的重要组成部分，也给正统的建筑带来一丝新风。从这三个层面中，可以看出中国传统建筑的多元性特征。

一、建筑多元性的表现

无论东西方，历代君王无不梦想着把辽阔的国土统一起来，但惟有中国的秦始皇真正实现了这一梦想，他不仅在有生之年实现了中国的统一，而且这种统一尽管有过短暂的分裂，总体上并没有随着他的离开而改变。中国延续两千多年的统一创造了人类历史上的奇迹，同时也造就了她独特的建筑景观：既是统一的，又是渐次疏离的；既是层次严明的，又是各自为政的。谈到中国传统建筑多元性的表现，最容易使人想到的是地大物博的辽阔中国，由于自然环境的不同，建筑自然就会不同。但事实并非如此，中国传统建筑并不以其丰富多姿的建筑形态而著称，却是以横跨南北、纵接千载而一脉相承的大一统精神令人惊叹。建筑之多元，或是处于“将在外君令有所不受”的边远地区；或是出自逍遥在外不拿国家俸禄的僧侣隐士所为；再有就是“日出而作，日入而息，帝力与我何有哉”的普通百姓的住房；最后，能有一些通融变化的地方，应当就是有钱的商人宅第了。

首先，建筑的多元性表现为边远地区丰富多彩的建筑。

古中国自秦始皇统一以来，为了统一思想、巩固政权，实行“书同文，车同轨，行同伦”的统一政策；到汉武帝时，采纳董仲舒的建议“罢黜百家，独尊儒术”，从此儒家思想在中国封建社会意识领域，处于独尊的地位。这些政令不论是崇法或尊儒，都是在试图把庞大的中国统一起来，形成一个上行下达的大帝国。但事实上，“山高皇帝远”，政令的下达需要时间和精力的投入，通常的情况是当它到达边远地区的时候，就已稀释得几近于零，所以这些地区往往保留了更多当地传统或受相邻文化影响的痕迹，

其建筑形式明显反映当地的自然环境和民俗、民情。随着时间的推移，正统的建筑形式也不时渗透到这些地区，形成各种建筑风格和习俗的并置，也是各地特有的风格。这些地方性建筑源于当地的文化和习俗，与中原本土建筑大异其趣，它们虽不是中国传统建筑的主流，却丰富了传统建筑的形式（图 4—11）。

蒙古包
山东海带草房
哈尼族民居
西藏碉楼
安徽民居
云南丽江民居
木楞房民居
景颇族民居
台湾民居
江浙水乡

图 4—11　边远地区建筑

其次，建筑的多元性表现为文人隐士的审美情趣。

中国传统的正统思想莫过于求取功名，光宗耀祖。但是多少人十年寒窗却求不来功名。进一步说，求取了功名又如何呢？仕途险恶、朝不保夕。一些人看透了世态炎凉，“退一步天高地远”，不如逍遥在外图个自由清静；孔子在《论语·泰伯》中也说：“天下有道则见，无道则隐。邦有道，贫且贱焉，耻也；邦无道，富且贵焉，耻也。”忧国忧民的中国古代知识分子，把隐逸当作对时事的一种无声反抗，拒绝与朝廷合作，“安贫乐道”过日子。他们深居名山大川，不拿国家俸禄、不屑与官宦为伍，要求人格独立和身心自由。他们的建筑有两种不同的情况：一种是以宗教寺观的形式出现，一种是以个人的住屋形式出现，不论哪一种形式都是不拘泥于正统的形式。对于第一种情况来说，选址本已不俗，随地势而造的建筑更是奇特，有的挤在山之夹缝中（图 4－12），有的缠在山腰之间（图 4－13），有的雄居高山之颠……真是千奇百怪、巧夺天工；第二种情况则是选址清静、幽雅，用材取自天然，结构简单，看起来十分简陋。但又不同于一般的民房，人们可以从它不信神怪、不畏权贵的天然直率中感到一股超然世外的不凡气度（图 4－14）。这些特征为身不由己的官宦们所羡慕，成为一些文士园林效仿的对象；有些本身就成为扩建的基础发展为后来的园林，成都西郊的杜甫草堂就几经重修，现今还是全国重点文物保护单位。这些建筑都以其不同于正统的官方形式而成为中国传统建筑中另类的一群。

图 4－12　夹在山缝中的建筑

图 4－13　缠在山腰上的建筑

再次，建筑的多元性表现为普通百姓的美好愿望。

安分守己的普通百姓，与那些官绅士大夫的主要差异，恐怕就在于他们不得不为起码的生计疲于奔命，加上难以预料的天灾人祸，因此平安的生活是他们最大的愿望。平安对于一个普通百姓来说，决不是一件简单的事情，它包括对远方生活无着的劳作之人的挂念，对卧病在床的亲人的担忧，无钱讨药的焦虑以及早得贵子的期盼等等，都是伴随他们身边的最切实的日常生活。他们本着实用主义的原则，把各路神仙都请来，需要什么就求什么神，各家想各家的事、拜各家的神。普通百姓的建筑较少官邸的古板和循

规蹈矩，只要不违法、不犯上，就可以在狭小的空间里发挥自己的创造力和想象力。为了祈求神灵保佑，他们有的在门环上刻出八卦图形，求个吉利；有的在照壁上挂一个壁龛；或在最接近入口的院墙上给神留个位置，残存的香灰提醒着人们去供一柱香、叩一个头，就能得到内心的安慰；为了平安避邪，许多路口尽端或建筑的转角处都设一石块，称作“泰山石敢当”……通过这样那样的处理，就使一个普通的民居显得生动、充满生机，与正统建筑的严肃、规范形成对比（图4—15）。

图4—14 超然世外的文士之居

图4—15 充满生机的民居建筑

最后，建筑的多元性表现为致富商人光宗耀祖的内心渴望。

商人们走南闯北，见多识广，他们会在严密的社会体制中寻找机会，使他们在回归故里时尽显荣华。他们可以用钱买来官职或买通官府，使建造高等级的房屋合法化，他们还可以“金屋藏娇”，把越规的建筑深藏后院⑰（图 4－16）。不仅如此，为了显示实力，他们把在外面世界中看到的都搬回来，甚至把外地的工匠请来为他们服务。因此，他们的房屋往往极尽奢华，风格杂糅（图 4－17），显得非同一般。不过即使如此，商人的住房总是极力奉迎当时总的潮流，这就决定了建筑难有大的突破，只可算是中国传统建筑大一统下的一个分支。

图 4－16　山西榆次常家庄园中的七开间藏书楼

图 4－17　山西太谷长裕川茶庄大门

帝力所及的广大人群或地区，都统一在传统的旗帜下难有逾越，要有也不过是借助自然环境的差异，在建筑与院落的组合方面，屋檐的起翘方面，在建筑的非重要构件上做一些比例上的调整或者增加一些小小的装饰，这虽然也会引起建筑的变化，但总的效果还是统一的。

二、佛教观念为传统建筑增添生机

当印度佛教于公元一世纪传入中国的时候[18]，遇到的是一个已经有 2000 年辉煌历史的本土文化，印度佛教文化的长处并不足以俘虏、融化中国文化。中国文化在保持和发扬自身文化的基础上，采纳和吸收与本土文化相关的内容，强化和明确了原有的观念和思想，在与异文化的交融中发展并完善自己。有关建筑文化方面的交融与变化主要有如下几个方面：

首先是佛教与道家玄学的结合与意境说的产生。中国传统的道家学说主张自然无为，返朴归真。其所称的自然并非纯客观之自然，而是“外师造化，中得心源”，强调人对自然的提升作用，这与印度佛教思想有某种相似之处，不过印度佛教思想更为深刻和绝对化。佛教思想是在对人世和物质世界彻底否定之后，提出“万物皆空”理论，强调用心去领悟自然，宣扬审美中主体的精神作用。认为外界事物只有心灵的感应才具有真实性，心是世界的本源，一切法皆从心生，主张“返观自心”、“境由心设”。这种超脱的思想较之道家老庄在自然中寻求精神安顿的遁世，更为深刻和不同寻常，更具一种崇高的性质。对物质的超越和对精神的肯定，其结果就是对真实世界的淡漠和对意境的重视。这在中国传统艺术中有明显的反映，中国绘画上讲究计白当黑，“虚实相生，无画处皆成妙境”；中国的京剧“三五步行遍天下，六七人雄会万师”；古典园林讲究“以拳代山，以勺代水”；兵法上则以一当十，以不变应万变；围棋中仅黑白二子就能体现无穷的机智。在建筑中则表现为不追求物质实体的坚实高大，也不强调个体的与众不同，而重视整体意境的营造。北京天坛的圜丘，是一祭天之所，为祭祀中的最高等级。但建筑却以极少和极简约的形式来表达，外在的形态沉浸在静穆的自然环境之中，使物质的虚空转化为精神的丰富，深刻传达出佛教所特有的空灵意境，与宫殿建筑的严肃规整，与园林建筑的超然世外都迥然不同（图4—18）。

图 4—18　北京天坛的圜丘

其次，儒释道互补，“形象”概念的提出。古代中国很早就有“象”的概念，但都没有把“象”和“形”联系在一起，更没有提出“象”的前提是“形”。老子在《道德

经》中说“道之为物，惟恍惟惚，惚兮恍兮，其中有象”，这里的“象”指的是物象；《易传》云“易者象也，象也者像也。”是指天下繁杂的变易现象，是作为人认识和表现外部世界的一般规律而言的。而在释家典籍中不仅把“形”和“象”联系在一起，而且“形象”一词一开始就是指造型艺术而言。如沈约《千佛颂》中谈到“道有偕适，理无二归。寂照同是，形相俱非”；释道高《重答李交州书》中说“睹形象而曲躬，灵仪岂为虚设”。在佛教的启发下，“形象”的概念得到明确，改变了古代中国对物象浑然一体的感性概念，而得到一个内外里表更加明晰的理性化概念。

形象概念的提出，首先意味着对“形”的深刻理解和刻意追求。与中国相遇的印度艺术是深受希腊影响的犍陀罗艺术，这时，佛教从象征性的动植物崇拜转向直接雕刻佛陀和菩萨像，对人像的刻画运用了更多写实的手法，动态自然，形象逼真，形体比例、骨骼肌肉都尽量准确表现（图 4—19），这在东方艺术中是少有的。通过佛教文化的传播，中国也间接受到西方文化的影响，艺术形式变得更为精致而细腻。建筑的形态和审美趣味也有了变化，据同济大学教授常青先生分析，南北朝盛行的梭柱，两端均有卷杀，即是对希腊恩塔西斯式柱（entasis）的模仿；建筑空间也开始向竖向发展，其高峰时期主要是在东汉至南北朝时的佛塔上，北魏永宁寺塔高度达到了约 133m，可见当时的建造技术已有相当高的水平。社会的开放，对异域风的接纳表现在建筑上是风格杂呈，这就为新的整合作了必要的准备。

图 4—19　印度苦行释迦像

明确形象概念所引起的另一个问题，就是对“形”的反面，即“神”的认识以及形神关系的讨论。实际上，有关形神关系的思想在中国古代已有论述，如荀子《解蔽》中说“心者，形之君也”，《淮南子·说山训》中也说“君形者亡焉”，意思是说如果只注意形象，就会失去神韵而了无生气。佛学则更甚，提出“形灭神存”的理论，佛学大师慧远说：“夫神者，精极而为灵者也”，神“感物而非物，故物化而不灭”，宣扬精神本体和灵魂的第一性和真实性。这种以人的内在精神作为最高标准和原则的思想与传统的道家思想相结合，塑造了中国古典园林独特的风采。

最后，佛教的传入，为中国传统建筑添加了新的类型——石窟与佛塔建筑。据常青先生考证，中国佛塔建筑，无论是楼阁式或密檐式都是以印度多层精舍（vihara）为原型演化而来的，而不是受印度塔（stupa）的影响[19]。但无论如何它们都是在印度佛教建筑的影响下，用中国特有的建造技术形成的一种独特类型。尽管中国那时已有楼阁式高层建筑，但佛塔造型的高耸感却是独特的。虽然佛塔在中国寺庙建筑中越来越退居次要地位，但当它脱去了宗教的外衣，就获得了更多世俗的自由。塔可以是仅供观赏和登高的点景之作，也可以是某一地区的标志性建筑，还可以与过街门道或城门楼相结合，

走进寻常百姓的生活，为人们的日常生活增添一抹新的色彩（图4—20）。石窟寺随着佛教的传入而出现。虽然石窟寺的概念源于印度，但在中国开凿山崖并予以建筑处理，在汉代的崖墓开始已有悠久的传统，所不同的是，崖墓是封闭的墓室，而石窟寺则可供僧侣的宗教生活之用。尽管如此，石窟寺还是带有些许异域的风采，难以纳入正统的建筑型制之中，其等级层次也难以确定，于是由于种种原因，到宋以后就逐渐衰落了。

图4—20　元代镇江过街塔

应当说明的是，佛教思想作为一种外来文化，为中国传统文化注入了新的活力，但正如王鲁民先生所注意到的，中国文化对于输入文化和思想观念的接受，具有十分明确的选择性，往往是那些与原有概念相关的，或者是在原有体系中能够较顺利地找到自己的位置的东西能够得到较快的吸收和长久的留存[20]。因此佛教的传入对中国传统建筑的影响是很有限的。在儒家中庸思想的作用下，中国古人对精神的重视没有导致宗教的迷惘，对形式的放松也没有产生纯抽象的不可思议的造型[21]，一切都得到适度的调节和控制。

中国传统建筑经唐代不拘一格的开放和吸收之后，于宋代通过对异域形象的扬弃完成了造型的新整合：布局方面逐渐放弃了对高度的追求，着重空间意境的创造；风格上保留建筑宏大的气势，而对细部进行整理，比如沿用西域塔庙的须弥座为基座，以使中国传统建筑的构图更完整；取消过于柔媚的细部，楼阁式塔取代了密檐式塔，取消两端均作卷杀的梭柱等处理，这些都使中国传统建筑风格更加统一和成熟，成为世界建筑史中一束灿烂的奇葩。

三、道家思想为传统建筑注入活力

道家思想在中国古典园林中反映最为明显，不过中国古典园林其实是儒释道思想的集大成者，只是在其超凡脱俗的理想中，更多体现了道家思想的影响。中国古典园林以文士园林为代表，这是因为中国的官宦制度是科举制，文官比武官具有更高的身份和地位，文人们的举止作派往往成为社会效仿的榜样，左右着当时的时尚潮流。无论是皇家园林、寺观园林还是私家园林，文人士流的品位都是社会上品评园林艺术的最高标准，因此，本文以文人园林作为分析的主要对象。

园林建筑尤其是私家园林由于娱乐和休闲的性质而较少受正统儒家思想的制约，因此其形式就不同于宫室、寺庙和宅院，可以有更大的自由。这种不同并不表现在单体建筑的形式

方面，而在于总体布局方面：首先，不再服从于人伦的规范和秩序，甚至取消了等级和男女的樊篱，成为特定集团的公共休闲空间；其次，是人们远离尘世，安顿心灵的地方，重视的不是逼真的外在天然形态，而是利用自然的形与色创造一种独特的审美意境。

谈到中国古典园林，人们首先想到的往往是"虽由人作，宛自天开"这个词。的确，这种表述准确抓住了中国古典园林给人的第一印象。不过中国古典园林，并不仅仅表现为犹如自然的形式，更是一种人文的关怀和表述。

首先，中国古典园林是感悟人生、寄托忧思的理想之地。是造在地上的天堂，是一处最理想的生活场所的模型[22]。在古代中国，人们改变命运的惟一方式就是走仕途之路，而只有遵循权威话语的人才能取得好的前程。即使已经跻身于官宦之列，也不得不亦步亦趋地追随权势，否则生死攸关。秦始皇"焚书坑儒"就是典型实例，因此古代中国的文人历来就没有自己独立的话语权利。一些为官在身或功成身退的文人们，或不能或不甘或不愿退隐山林过清贫的日子，又不能对世态炎凉视而不见，充耳不闻，他们既忧国忧民又无能为力，既胸怀大志又无用武之地，因此借助自家的一方小园，把它造成自己理想的样子，以安顿自己疲惫的心灵。因此这样的园林必须是能借景生情的、发人深省的。

其次，中国古典园林是使人忘掉忧愁烦恼，达到身心的闲适与快乐的场所。庄子告诉人们："身若槁木之枝而心若死灰，若是者，祸亦不至，福亦不来，祸福无有，恶有人灾也!"（《庄子·庚桑楚》）"平易恬淡，则忧患不能入，邪气不能袭，故其德全而神不亏。"（《庄子·刻意》）可见，庄子是要人们保持一颗冷漠的、死灰一样的心，就能做到泰山崩，黄河溢，目无见，耳无闻，怡然自得，神游天外。这就为文人们卸去人生的责任找到了理论依据，使他们可以既不去彻底隐逸过清贫的日子，又可以不再为国事操劳，并在园林的悠闲氛围中，心安理得地游乐于山水之间。从而由反抗现实而容忍现实，而逃避现实，而冷漠现实，为生存而生存着。因此这样的园林必须是自由的、快乐的，必须是令人流连忘返的。

最后，修身养性，追求风雅的地方。既然国事不能谈，时事不能问，那就谈诗论画，吟风弄月。古代中国的官宦文人，无不是饱读诗书，自命不凡的风流才子，他们在自己的私园里，交友谈天，斗酒吟诗。园林的营造本来就追求诗词的文学意境，而它所造成的意境反过来再一次激发文人们的创作灵感。所以在这样的园子中，题字作诗是非常重要的。《红楼梦》第十七回中，贾政这样说："偌大景致，若干亭榭，无字标题，也觉寥落无趣，任有花柳山水，也断不能生色。"因此，每当一个园林落成，园主人就请来八方好友，吟诗题词，推敲斟酌，相互炫耀。这样的互相客串促进了私园间的攀比，这样的园林一定是文学化的，诗意化的（图4—21）。

图4—21　文学化的园林

这种借景生情和自由快乐的诗意，

正是道家超然世外的风度。然而，古中国的文人绝不可能真正超然世外。儒家比德思想[23]与佛道意境说的结合，使中国古典园林中的自然就不可能是一种纯天然，而只能是负载着文人们理想、荣辱和苦闷的自然；一种可以让他们“登山则情满于山，观海则意溢于海”（《文心雕龙·神思》）的自然。所以中国古典园林，往往不是体现自然本身的壮美和勃勃生机，而是通过自然的物质形象表达人的精神境界，感悟人生、寄托忧思，是文学性的“意境美”。因此，看似随意的一段残墙，半边景亭，都蕴涵着园主人煞费苦心的经营和创意（图4—22）。园林中的自然也多是象征性的，种荷是为了显示“出污泥而不染，濯清涟而不妖”的清高气质等，栽竹表现的是“群聚不倚，独立不惧”的孤傲品格（图4—23），如此等等都是为了“合山水之乐，成君子之心”（柳宗元《序饮》）。甚至这些还不足以表达人们复杂的情感，而要借助诗词的点染，或者景致的设置本身就是源于某种有深刻含义的词句，诸如“沧浪之水清兮，可以濯我缨；沧浪之水浊兮，可以濯我足”（《孟子·离娄》）。“我志谁与亮，赏心惟良知”（《游南亭》）。

图4—22 扬州寄啸山庄月亭

图4—23 竹子的象征意义

通过长期的造园实践，中国古代匠人和文士们，学会了对自然景观进行裁剪和典型化，用空间大小节奏的组织，建筑的舒张等方法来创造他们理想的境界。其中最重要的造园手段就是借景的手法，即把园林以外的大千世界都纳入到自己的一方山水之中，所谓“移天缩地在君怀”，体现了中国古人对自然天地的基本认识和宏大气魄。这也使中国古典园林超越了对天然、自然的简单模拟，而具有一种难以言传的独特韵味和气势。

小 结

特定的生存环境和特有的思维方式，决定了中国传统文化的独特性。以农耕为基础的传统生活和几乎贯穿始终的重农政策，使中国人的日常生活多是论稼穑、兴水利，从

这些生活实践中，中国古人发现自然世界的内在规律性，并认识到顺应这种规律性的重要意义，因此中国传统的自然观就表现为顺应自然、与自然世界协同进化的明显特征。中国古人这种“天人合一”的思维方式，决定了人与自然的关系是共生的；因此人可以感天动地，但不能战天斗地。因此中国古人的接受方式是“趋利避害”；人与人的关系是“君为臣纲，父为子纲，夫为妻纲”，因此“忠诚”成为中国历史上讴歌最多的主题之一，形成了中国人“以善为美”的表达方式。因此中国传统建筑展示的是中国古人眼中的宇宙之美好图景。鲜明的民族特色，是基于传统文化中这种不变的内涵。

中国传统文化经过几千年的积累和扬弃，形成了以自然观为轴心的含蓄、中庸和重视内在精神的总特征。因此，中国传统建筑并不用来作为人类创造性的体现，而是作为表现伦理道德的工具；其审美的标准不是基于一种客观的“美的原则”和“构图原理”，而是形式背后的内在含义。中国传统的建筑没有选择耐久性更强的石材，而选择了更具生命力的木材。放弃了对建筑高度和大体量的追求，而表达人与人之间以及人与客观世界的内在关联，热衷于用有限的物质材料和建造技术表达丰富的精神世界。

我们常常感叹西方建筑历史的丰富多彩和气势宏大，相比之下，中国传统建筑则显得千篇一律和矮小简单，从而得出结论说中国文化落后且中国人缺乏智慧。其实，中国人不是没有足够的智慧，而是追求的方面不同，所以结果不同。事实上，中国传统的审美观形成了中国建筑“如鸟斯革，如翚斯飞”的生动形象，体现了中国古人对自然之形与神的天才表达和深刻感悟。

【注 释】

① 张云飞《天人合一——儒学与生态环境》. 第71～72页. 四川人民出版社，1995年2月

② 同上，第76～80页

③ 李泽厚《中国思想史论》. 第25页. 安徽文艺出版社，1999年1月

④《荀子·法行》有子贡与孔子的一则对话：“子贡问于孔子曰：‘君子之所以贵玉而贱珉者，何也？为夫玉之少而珉之多邪？’孔子曰：‘恶！赐，是何言也！夫君子岂多而贱之，少而贵之哉！夫玉者君子比德焉。温润而泽，任也；栗而理，知也；坚刚而不屈，义也；廉而不刿，行也；折而不挠，勇也；瑕适并见，情也；扣之，其声清扬而远闻，其止辍然，辞也。故虽有珉之雕雕，不若玉之章章。诗曰：言念君子，温其如玉。次之谓也。’”就是说，玉之所以为人喜欢和珍视，是因为它具有与人的仁、知、义、行、勇、情、辞等伦理品格相类的形式结构的缘故。君子比德可以说是儒家审美思想中的主要观点。

⑤ 韩德林《境生象外》. 第315页. 生活·读书·新知三联书店，1995年4月

⑥ 引自王贵祥《东西方的建筑空间》. 第393页. 中国建筑工业出版社，1998年7月

⑦ 同上

⑧ 同上

⑨ 史箴“‘井’的意义：中国传统建筑的平面构成原型及文化渊涵探析”. 第71页《建筑师》，(79)

⑩ 同上，第73页

⑪ 同上，第77页

⑫ 古埃及的金字塔文本说："我已经竖起了……足以令汝畏惧的天际的四柱。"古埃及人形容某种事物牢不可破，往往会说："它就像老天屹立在四根立柱上那样坚固"。在金字塔文中，四柱又被描述为太阳神霍鲁斯的四子。在埃及神话中，代表天神的是满身载着星斗、弯着腰，四肢撑地的女神努特，她所支撑的宇宙就是四柱式的。转引自朱狄《信仰时代的文明》. 第 30～31 页. 中国青年出版社，1999 年 6 月

⑬ 见本章注释［6］. 第 266 页

⑭ 中国古代的《九章算数》，大约写成于公元一世纪，其中给出了圆面积的计算公式、三角形的勾股定理等，是中国古代一部重要的数学著作，所以说三角形稳定性原理在古代中国并不陌生。

⑮ 山西祁县乔家大院院墙高达十余米，昼夜都有家丁在屋顶上巡逻看守。西方学者福柯谈到对中国建筑的印象时说"我们想到中国，便是横陈在永恒天空下面一种沟壑渠坝的文明，我们看见它展开在整整一片大陆的表面，宽广而凝固，四周都是城墙。"

参见劳燕青"再论'天人合一'与中国传统建筑". 第 50 页.《新建筑》，1998 (4)

⑯ 在山西榆次的常家庄园，有一个七开间两层的藏书楼，现在被称为中国民居第一书院，其实是以珍藏圣贤书的名义而越制的建筑。类似的情况在山西平遥的侯家被发现，主人差点被杀头，还有，在山西的大同、沁水也有这样的事……看来这是一种普遍的现象，恐怕不仅在山西。

⑰ 同上

⑱ 据《中国文化研究》认为，从阿育王时代开始，佛教既已开始向东西方传播，进入了亚洲中部与中国，至少于秦代就已经影响中国北方的齐国与燕国旧地。按照这一观点，佛教入华的时间当是公元前 219 年，即秦始皇东巡时，这就比通常认为的时间提早了 200 余年。

⑲ 常青"从文化的交流机制看中国建筑的演变". 第 32 页.《建筑师》，(37)

⑳ 王鲁民《中国古代建筑思想史纲》. 第 55 页. 湖北教育出版社，2002 年 12 月

㉑ 西方解构主义建筑由于过分强调非理性的方面，否认形式具有明确的所指，强调以不确定的形式启发观者的个人感受，建筑造型抽象含混，难以理解。

㉒ 陈志华《外国造园艺术》. 第 3 页. 河南科学技术出版社，2001 年 1 月

㉓ 见本章注释［4］

第五章 西方传统建筑中的趋同与多元

人类自古以来，有三个敌人：自然，他人跟自我。

——(英)伯特兰·罗素

除了真的没有美的。

——(法)布瓦洛《诗学》

罗马帝国把广大的西方世界统一起来并继承和发展了古希腊文化，成为西方传统文化的基础。罗马帝国分裂之后，经过千年的浴血混战和文化交融，基督教终于在精神上统治了西方世界，与古希腊、古罗马文化一起整合为西方的传统文化，渗透到西方人思想行为的方方面面。

野蛮人到达一座罗马城市

第一节　独特的传统文化

一、"天人相分"的思维方式

《圣经》创世纪说，亚当和夏娃吃了智慧果，才发现自己赤身裸体是可羞的。就是说，智慧源于人走出同自然浑然无别的原始状态，知道自己有别于一般动物。这样通过区分人与自然的关系，人就从自然中分离出来，站在了自然的对面来观察自然①。使人感到通过认识自然、改造自然就可以战胜自然为我所用。这种思想虽然曾给人类带来了灾难，但也提高了人类的主体能动性，推动了科学技术的发展。

在西方传统文化中，自然是被当作人的对立物来认识的，因此，自然观是随着人们对世界认识的深化而发展的。人作为探寻自然的主体，不断的追问自然"是什么"。在这种不断的追问中，对自然，对人自身不断进行分解、分析和深入，形成了越来越细致的学科，对世界的认识也越来越深入。

古希腊思想家泰勒士（Thales），在西方历史上具有划时代的意义。泰勒士认为世界是由"水"组成的，他想像地球是一个牧场，悬浮在水面上，不断地用水修复着自己，继而通过一个类似于呼吸和消化的过程将它转化为自己躯体的各个部分。在泰勒士的想像中，自然虽然还是个心、物一体的如动物似的有机体，但它是客观的、可以认识的，这就为西方哲学的发展奠定了科学的基础。他第一次以自然本身作为自然现象的原因，从而改变了过去拟人化的自然观，把人和自然严格区分开了。这种区分具有重要意义，它排除了人的主观因素，西方人从此走上了对自然采取客观研究的道路，发展了科学的态度和方法以及他们特有的哲学，泰勒士因此被称为西方历史上的第一位哲学家。在古希腊思想家中毕达哥拉斯学派（Pythagoreans）的观点具有重要意义，毕达哥拉斯学派接受自然的客观性观点并加以发展，强调自然世界的几何结构或形式，他们把这种结构形式用数学术语加以描述，认为世间万物是由数组成的。他曾用各种乐器做实验，发现当这些乐器之间的大小或长度符合某种比例关系时，就会发出悦耳的声音（图 5—1）。这一实验的重要性在于它使西方人以更精确和定量的方式去认识和研究客观事物。表现在建筑造型方面，是讲求建筑各部分之间的和谐比例关系，从而摆脱了建筑造型中

图 5—1　毕达哥拉斯在进行音乐实验

的象征性因素而转向客观的美学追求，奠定了西方建筑形式美的基本原则。

波兰天文学家哥白尼（Nikolaus Copernicus）的《天体运行论》，否定了千百年来人们认为地球是世界中心的论点，使人们以新的眼光重新认识自然界中的一切。认为物质世界是没有中心的，整个世界不存在质的差异，其差异仅仅是量以及几何结构的差异。意大利科学家伽利略（Galileo）进一步指出：世界是一个纯量的世界，质的差别在自然中不存在，所谓质是人类赋予它的“第二属性”。从此自然不再是个有机体而是一部由上帝的理智所创造的机器；伽利略的追随者，法国哲学家笛卡尔（Rene Descartes）更明确指出，身体是一种实体而精神则是另一种，每个实体都按照自己的规律相互独立地工作，他把精神和实体的区别绝对化了，认为它们之间的联接方式是上帝决定的，这就阻止了研究其关系问题的尝试，奠定了西方文化重分析、善推理而忽视事物间联系的传统思维模式。

二、“以真为美”的审美取向

西方传统的自然观把自然作为一个客观存在来对待，而人站在自然的对立面，坚持不懈地探求其内在规律性。人们在与自然的斗争中体会到，美就是对自然真实的把握和理解，对自然的认识越是深刻，就越能真切地表达它、表述它。

一方面，美是真实。古希腊思想家柏拉图（Plato）与亚里士多德（Aristotle）都认为模仿自然是艺术的本质。尽管他们对“自然模仿”的解释不尽相同，但还是强调了艺术以生动如真为贵[②]。西方传统的绘画，尽管也讲究神韵，但更以逼真的表现引人注目；西方传统的歌剧，以笨重繁琐的道具再现真实。这种对于生动如真的追求，还流传着许多神话。“米龙（Myron）雕刻的牛，引动了一个活狮子向它跃搏，一只小牛要向它吸乳，一个牛群要随着它走，一位牧童遥望掷石击之，想叫它走开，一个偷儿想顺手牵去。啊，米龙自己也几乎误认它是自己牛群里的一头！”[③]可见这种写幻如真的技术在当时是备受推崇的。在公元前6世纪，希腊画家就已经发现了透视的效果，物体的远近构成大小，光线的作用形成阴影。于是，他们开始倾心研究光线和物体之间的透视关系，灭点原则应运而生。到公元前4世纪，利用明暗产生立体感的技术已被掌握，高光甚至反光得到了充分的研究，关于透视原理的著作也已问世[④]。至于雕塑，对人体解剖及其种种姿态的研究更是精细入微。西方文学的叙事传统很强大。事实上，艺术中对真实的追求在西方一直都没有真正停止。19世纪70年代出现的印象派绘画，真实表现光与影的变幻，表现光与色彩的关系，表面看来似乎是对传统绘画的冲击和否定，其实依然是追求真实表现的延续，其绘画的色彩即符合当时科学的光谱分析结果。

另一方面，美是真理。毕达哥拉斯在对数研究中发现，存在着可知事物与可感事物之间的区别。这种思想在柏拉图那里得到进一步发展，他认为事物之所以美，是因为“美本身把它的特质传给一件东西，才使那件东西成其为美”。就是说，有一种使事物成为美之为美的本质，而形态各异的美不过是它的反映而已。因此，可感事物是表面的、有缺陷的和暂时的，只有可知事物才是真实的、完美的和永恒的[⑤]。所以艺术的模仿并不仅仅是有关自然的外表，而是要挖掘事物真实的必然性，寻找美的普遍规律和方法，

表现世间所没有的，但是最真实的美。法国雕塑家罗丹（Rodin）说："果然！照片说谎，而艺术真实。"[6]因此西方的艺术家，是通过知识来表现美的。世上没有一个活着的人体能像希腊塑像那样对称、匀整和美丽，他们所表现的是理想的美，是按美的原则表现的美，而不是现实的美。这种具体的表现方式后来有所改变，但西方艺术追求理想美的观念并没有改变。他们不断探索美的方法、美的原则，在探求美的真理中形成各种不同的派别，不同的风格。

三、"追求真理"的人生目标

现代哲学认为，西方哲学的曙光应当是从古希腊的米利都（Miletus）开始的。米利都学派的哲学家主要关心的是物质世界，他们看待世界的好奇和惊异，成为西方人以"追求真理"为人生目标的开始。

古希腊哲学家苏格拉底（Socrates）不断地告戒人们："只有神是智慧的。他对我的回答旨在证明，人的智慧是微不足道的……人啊，最明智的人，比如苏格拉底，知道他的智慧实际上一文不值。"尽管他自称自己一无所知，但他并不认为知识是不可企及的东西。重要的恰恰是我们应当努力去寻求知识，因为苏格拉底认为一个人的过失或犯罪的原因正是缺乏知识，因此他认为无知是罪恶的首要根源[7]。显然人类要完善自己，就必须具有知识，掌握真理。因此古希腊人把"吾爱吾师，吾更爱真理"作为求知的态度，把"认识你自己"定为人生格言。毕达哥拉斯学派和柏拉图也都强调：人之为人在他有灵魂，因有灵魂，才能认识真理和使灵魂净化从而达到神圣的境界。

天人相分的思维方式，首先是把人从自然中分离出来，进一步是人自我身、心的区分，而灵与肉的分离导致尘世与彼岸的分裂。对尘世的探索，就是对真理的不懈追求；而对彼岸世界的向往，最终成为具有一整套神学体系的西方宗教。把自己同外部自然界划分开来，人就意识到自己的独立性，高于动物了；把灵魂同肉体分开，人的精神就独立了，意识到自己不应受肉体物欲的摆布，可以完全自主地支配自身，追求真理。柏拉图早就认识到"尊重人不应该胜于尊重真理"[8]。从古至今，西方历史上就有着一大批为真理而奋斗的科学家、哲学家、艺术家，他们有的甚至为了真理而勇于牺牲生命。古希腊哲学家德谟克利特（Democritus）说过，他"宁愿找到一个因果的解释，也不愿获得一个波斯王位"；古希腊科学家阿基米德（Archimedes）直到生命的最后一刻，还在追求他毕生奋斗的科学事业；哥白尼说"人的天职在勇于探索真理"；意大利哲学家布鲁诺（Giordano Bruno）也认为"为真理而斗争是人生最大的乐趣"，他为了坚持真理，而被活活烧死；意大利艺术家达·芬奇（Leonardo da Vinci）为了实验颜料的特性，全然不顾自己的作品能否长存于世，甚至真正完成的作品也没有几件，他把大量的时间用于研究工作。直到六七十岁逝世之前还探索不止。由于他经常变换作为实验品的颜料，使《最后的晚餐》尚未完工时已经开始变色和剥落。他已经把对颜料本身的研究，看得重于作品本身的价值了。达·芬奇对人体结构的研究其准确程度简直可以同一个医学解剖图媲美（图5—2）。西方人在英国哲学家弗兰西斯·培根（Francis Bacon）"知识即

力量”的鼓舞下，一代又一代前赴后继，坚定不移地学习知识、追求真理。19世纪初，英国化学家戴维（Humphry Davy）的科学演讲，竟能引起举国轰动、万人空巷，戴维成为当时全伦敦的明星。科学家成为明星，说明在18世纪的西方，追求科学已成为一种时尚。

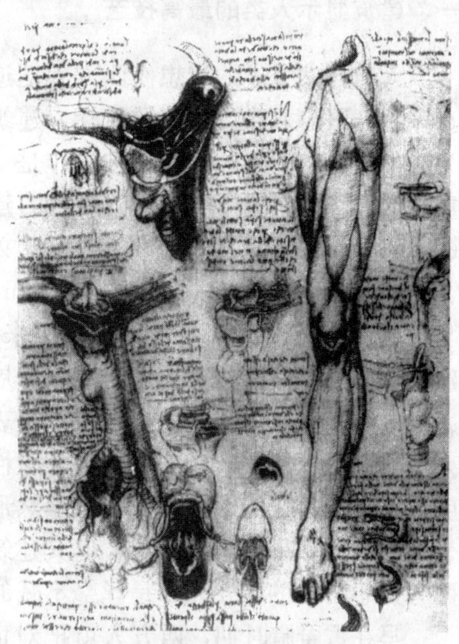

图5—2　达·芬奇人体结构解剖研究图

此外，通常认为宗教与真理总是相对立的，然而，西方特有的宗教却在某种程度上增强了追求真理的意识。西方主要的宗教都是主张上帝为人之惟一主宰，因此个人直接面对上帝，个人和集体的关系是“兼爱同仁，以上帝为父，普天之下皆兄弟”。甚至人也应当摆脱人间亲情的羁绊，基督教这样告诫人们“不要称呼地上的人为父，因为只有一位是你们的父，就是在天上的父。”（《圣经·加拉太书》）这样就彻底割裂了人之身体与世俗的关系，而获得心灵的解放，使人的精神可以自由地追随上帝。于是就有了甘愿抛亲离乡，执著布道的传教士，于是有了十字军东征，有了对东方世界的好奇、探索直至入侵……。这种精神的自由不仅造就了执著的宗教精神，同时也培养了积极的探索精神。在这一过程中，人的主体能动性得到提高，自信心增强，涌现出一大批为探索真理而不懈努力的科学家、思想家。在此基础上，笛卡尔进一步认识到“我思故我在”，这是对人的主体能动性的极大肯定。德国哲学家康德（Immanuel Kant）更把人的自律和自由意志看作人的最高本质和绝对的善。相比之下，那种仅仅基于商品关系上的自由只是较低级的东西。这种思想造就了一种不为利益所动，执著追求真理的高尚人格。

也应当注意，现代西方哲学在关注人自身的同时，由于过分强调个人的存在和自由，强调每个人独一无二的生存体验，也导向了非理性的极端。丹麦哲学家克尔凯戈尔（Soren Kierkegaard）就说“存在是非理性的”，认为每一个人的特殊问题从普遍规律中是找不到永恒答案的，这就为西方后来的个人主义和表现主义奠定了哲学基础。

第二节　西方传统建筑的趋同性

在西方人眼里，建筑如创世一般的神圣，是智慧和力量的体现，甚至上帝就被认为是一位伟大的建筑师。所以西方建筑的历史可以说就是人们不断认识世界，征服世界的历史，被称为“石头的史书”。不断运用最新的知识和最精湛的技艺建造最伟大的建筑，是西方传统建筑不变的追求。

一、建筑显示人类的最高技艺

人与自然分立的思想使西方人把追求真理、征服自然作为人生的目标。建筑作为人类智慧和力量的体现，被看作是“最重要的技艺”（图 5—3）。英语中的建筑（Architecture）一词，就是由希腊文中“最重要的”或“第一位的”（Archi—）与“技艺”（tekt）两个词结合而来的。建筑作为一种高大的实体，最能充分展示人类的最高技艺，因此西方人无论是表达人世的享乐，征战的成功，还是宗教性的虔诚都要以建筑的形式来实现，虽然形式表达的方式和目的有所不同，但其建筑在西方人心目中的重要性却是丝毫不减的。

图 5—3　“上帝作为一个建筑师”

早在古希腊时期，西方人就把对世界最深刻的理解表达在建筑上了。当毕达哥拉斯发现“世界是由数组成的”时，就毫不犹豫地把这种思想运用到建筑之中。所以古希腊的建筑非常重视建筑各部分的比例关系，认为只有正确的比例才能产生美的建筑。仅就建筑的柱子一项，就经历了两个世纪之久的不懈探索，结合人体之美与数的和谐关系，终于形成比例优美、造型完满的古典柱式，成为后代西方建筑永恒的典范（图 5—4）。

图 5—4　古希腊雅典卫城伊瑞克仙神庙

如果说古希腊人是以建筑的形式美来表现他们的优雅，那么，古罗马帝国则是以建筑宏大的体量来显示他们的不可战胜。帝国的强大需要相应的建筑来衬托，温和、优雅的古希腊建筑不能适应这样的需要，于是他们发展了新的适于大体量的柱式比例，还增加了两种新的柱式，并创造了巨柱式、叠柱式和券柱式等构图。不仅如此，古罗马人还发明了混凝土材料，创造了穹顶结构体系，使古罗马的建筑具备了丰富的空间和巨大的体量，壮丽宏伟的建筑终于可与神圣的大帝国相匹配了（图 5—5）。

在中世纪的西方，教徒为了让“愚昧”的人们信仰上帝，回到“真理”的身边来，所能想到的依然是用建筑的形式。阿伯特·苏格（Abbot Suger），12 世纪时主持建造了法国巴黎的圣丹尼斯（St. Denis）教堂，他在工作笔记中这样写道：“迟钝的头脑要

通过物质的形体才能向真理”⑨。因而他用高耸的肋拱把人们的视线引向天堂，用迷惘的光线和图画使人们相信上帝。从此各教堂极尽所能、竞相攀比，一个比一个造得更高。为了表示对上帝的虔诚，他们一次次地逼近极限，造了倒，倒了再造，有的建造年代长达上百年，也决不放弃（图 5－6）。“中厅的高度，韩斯市主教堂的是 38.1m，亚眠市主教堂的是 42m，德国的科隆主教堂高达 48m，又如西面的钟塔，夏特尔主教堂的高 107m，法国的斯特拉斯堡主教堂的高 142m，德国乌尔姆市主教堂的高达 161m”⑩。同时对细部的处理也不放松，有的人穷其一生的时间也只能雕出教堂的两扇大门！其精其美可想而知。西方人相信，通过建筑的魅力能够打动人心，能够表达对神圣上帝的赞美。而与此同时，人们却在这精美的建筑中受到鼓舞，增强了信心，最终把神灵撇在一边，获得了人性的自由与解放。

图 5—5　意大利罗马斗兽场

图 5—6　德国科隆大教堂

文艺复兴（Renaissance）是解放的号角，建筑又一次成为表达人类智慧和力量的武器。文艺复兴的报春花——佛罗伦萨主教堂的穹顶显示了人类的巨大创造力，人们以饱满的激情决心把它建成“人类技艺所能想像的最宏伟、最壮丽的大厦”⑪。意大利艺术家伯鲁乃列斯基（Fillipo Brunelleschi）经过周密数学计算使它成为科学的合理性与艺术的完美性相结合的典范（图 5－7）。它是人们精神的寄托和慰藉，是人类自身能量的充分显示。这一宏伟大厦的建成，使人们增强了信心，敢于向教会挑战，人的个性得到空前的解放。

当人们想表达对社会的不满或内心的激愤时，还是用建筑这种最有力的方式。巴洛克（Baroque）建筑以它扭曲、反叛的造型，表达着设计者强烈的情绪，其个性在建筑中得到了极度的张扬（图 5—20）。而洛可可（Rococo）那种柔软、纤细的线条，暧昧、昏幻的灯光，则是法国宫廷苍白、无聊生活的最真实写照（图 5—23）。如果没有当时最先进技术的支持，建筑的表达就不可能这么精准、这么到位。

图 5—7 意大利佛罗伦萨主教堂

二、科学完善的建筑体系

梁漱溟先生在《东西方文化及其哲学》中说："大约在西方便是艺术也是科学化，而在东方便是科学也是艺术化。"这话恐怕是不错的。西方的建筑艺术，同时也是一套完善的科学体系。

崇尚科学是古希腊的传统，他们用科学知识认识世界、解释自然。许多古希腊的数学家和哲学家都认为，直角三角形是构成世界的基本元件，柏拉图甚至断定，上帝是一位几何学家。在希腊语中"宇宙"这个词（Cosmos）就包含着"和谐、数量和秩序"等意思。毕达哥拉斯也认为世界的本质是数，他还发现一切美的东西都有一种恰当的数量关系，因此设计中只要遵循这些数量关系，就能产生美的形式。古希腊建筑就是在这样的思想指导下建造了完美的建筑。他们把神庙放在长方形的地基上，优美的立柱拔地而起，三角形山墙高居神庙之顶，象征着上帝和几何学的崇高地位。这些优美的建筑成为后来欧洲建筑师们学习和效仿的典范。法国现代主义建筑大师勒·柯布西耶（Le Corbusier）在参观了希腊的帕提农神庙后感叹到："丝毫不差，精密到一英寸的零头都起着作用。各种线条包含了许多因素，但每一种都表现了力量。"[12] 他在这种精确的比例关系中，找到了支持他"机器美学"理论的依据（图 5—8）。的确如此，古希腊建筑中通过对比例的把握和几何学的运用而取得的整体和谐关系，具有科学的合理性，为西方理性主义的建筑设计思想奠定了基础。

希腊化时期，亚历山大（Alexander the Great）在埃及名城亚历山大里亚（Alexandria）建立了历史上最早由国家资助的、当时规模最大的图书馆和一座带有科学研究机构性质的博物馆，它包括天文台、实验室、解剖室、植物园和动物园，图书馆内的藏书达 70 万册，几乎囊括了所有古希腊著作。大批的希腊学者被吸引到这里，同时它也成为世界各地学者云集的地方，古希腊数学家欧几里得（Euclid）和阿波罗尼（Apollnius）曾在那里讲授数学，阿基米德则在那里求过学。他们对于科学和哲学的研究对当时的西方产生了广泛的影响，古罗马之接受希腊文化，很大程度上就是通过亚历山大里亚的媒介。英国哲学家怀特海（Alfred North Whitehead）在《教育的目标》中

图 5—8　帕提农神庙细部

说“罗马帝国是建立在对技术最广泛和高效能的应用上的，这些技术为世界所刚刚发现：它的道路、桥梁、高架输水道、隧道、下水道、巨大的构筑物，它的船队、军事科学、冶金术和它的建筑”。罗马人是一个重实际的民族，他们不仅建造巨大的神庙，而且还建造了大量的公共建筑，其数量和规模都远远超过了古希腊。为了满足其不同的功能和空间要求，建筑技术得到了最大的发挥。在罗马，“富人家里都装备有水口，炉子上的热水器通过水管可以提供源源不断的洗澡水，富家住宅一般要有很多套盥洗间”[13]。罗马整个城市都规划有下水道系统，公元前 510 年建造的排水管道，直到 17 世纪时在欧洲还是最大的下水道系统，甚至今天我们还在享受着方便的城市用水（图5—9）。在可容纳 5～8 万人的大角斗场中，各看台之间都有经过严格数学计算的拱顶通道，每一水平面上也有便捷的通道使观众可以方便就座和安全疏散。舞台地下有关押野兽和犯人的地牢，通道上设有闸门，靠机械升降机和坡道把表演者提升到竞技场中[14]（图 5—10）。图中表示地下室中动物的活动流线：①动物进入升降机的入口，②动物到达上部通道的出口，③动物经过通道转向斜板，④动物通过闸门进入竞技场。A. 工作区，B. 平衡锤，C. 兽笼和升降机，D. 石头拖架以承载上部的通道，E. 木结构通道，F. 木结构斜板，G. 表演

图 5—9　罗马方便的城市用水

区，可见其建造的严密合理。古罗马的剧场还可以灌水成湖，表演海战场面，为此还备有专门的起重装置，起吊战船[15]……这些技术都使我们现代人为之惊叹不已。难以想像，如果没有一套科学的技术知识、科学的施工组织和科学的管理机制，这一切是如何实现的。

图 5—10　罗马斗兽场内的各种通道

在中世纪，教会靠垄断知识，拥有对《圣经》的绝对解释权来禁锢人们的思想。他们反对好奇心和求知欲，想用愚昧换取忠诚。但人们把消极的悲观厌世转化为积极的求知态度，把对彼岸的向往转化为对现世的抗争，把对上帝的虔诚转化为对自己创造力的无比自信。哥特教堂是用结构的极限向地心引力的挑战，它与古典建筑一样，都是结构合理和形式完美的典范。甚至我们一直认为是纯装饰性的东西，其实都有其结构上的必要性，据帕瑞克·纽金斯所述，就连建筑外部扶壁顶端的小尖塔，都不只是为造型而设的装饰，而是用来抵抗中厅墙体侧推力的。双层的屋顶，外面是木头，底下是石头拱顶，也有实际的功用，在当时没有避雷针的情况下，底下的石拱顶可以避免高高的教堂受雷击而烧毁；而当下雨的时候，上部的木顶又可以保护坡度平缓的石拱顶。在当时的技术条件下，这是多么巧妙的处理。此外我们还看到，教堂小尖塔的形式也不是随意的设计，它是用严格的几何关系确定，具有不可更动的比例关系。在15世纪德国哥特式建筑师麦迪亚斯·罗瑞哲留下的部分手稿中，可以看到小尖塔尺寸的由来（图5—11），他用一个正方形及其对角线来确定尖塔柱身等各平面的尺寸，表现出科学的理性精神。正是这样，“中世纪的原则恰恰就在于：能使每件东西——材料、形式、规划和细部——都服从于推理”[16]。事实上，中世纪在科技方面的进步是突出的，在以机器力量减轻人类

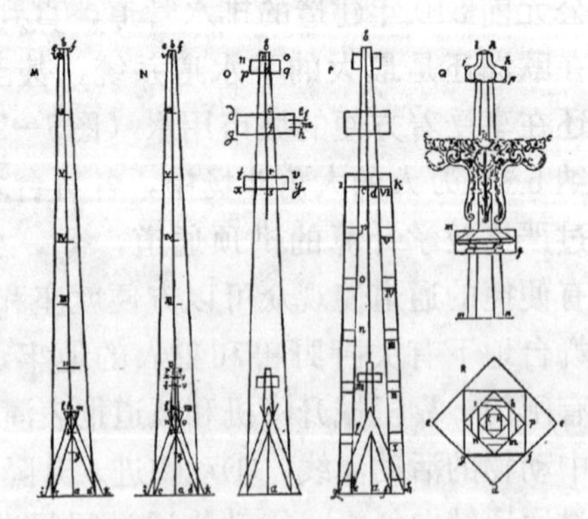

图 5—11　小尖塔的由来

的辛苦劳作方面，中世纪在短短数世纪所取得的成绩远远大于过去千年中所取得的。图5－12显示了德国科隆大教堂顶部的建造过程，可以看到滑轮组的运用。只有技术上的进步，才能带来建筑上不断的创新和完善。

图 5—12 科隆大教堂使用滑轮的建造过程

文艺复兴运动则更把科学的理性精神强调得无以复加，甚至到了僵化的程度。他们继承古希腊毕达哥拉斯学派和古罗马建筑理论家维特鲁威（Vitruvii）的观点，推崇几何与数的和谐关系。建筑师乔其奥（Francesco di Giorgio Martini）说："没有任何一种人类的艺术可以离开算术和几何而获得成就"[17]。他们甚至把数的规则看作绝对的理式，是普遍的、万能的和具有永恒价值的。尽管这些认识具有局限性，但毕竟调动了人们钻研美的规律的积极性，促进了建筑构图原理的科学化[18]。

三、中世纪的国际式风格

西方文化中那种不懈地追求真理的执着精神，使西方传统文化中理性的思想一直占据着主导的地位。而这种精神又在宗教的执着中得到发展。因为在信仰者看来如此秩序井然又难以琢磨的世界若不是由于一个全能的上帝在操纵，还能是什么呢？所以基督教神学坚持用理性来证明上帝的存在和伟大，罗马帝国末期的神学家奥古斯丁（Augustine）在《教义手册》中说："没有上帝的天命，就是一根头发也不会从头上脱落。"[19]没有一丝一毫的含糊！上帝的存在具有无容置疑的绝对性！正因为对上帝无条件的信任，才推动了技术上的精致和完善；也正因为对自身信仰的充分自信，才促使西方人一次次离家远征去传播福音和对抗异教。

基督教作为一种普世的宗教，是西方各民族共同的精神家园，在教会的旗帜下，普天之下皆兄弟，"异教徒"是各民族共同的敌人，对共同宗教的认同大大掩盖了"民族"

间的差异，这就奠定了西方各民族间的共同基础。所以“欧洲各地的艺术一直沿着彼此相似的路线发展，那个时期的哥特画家和雕刻家的风格被叫做国际式风格”[20]。虽然有许多的差异，但总的风格是相似的（图 5－13）。美国历史学家房龙（ H. W. Van

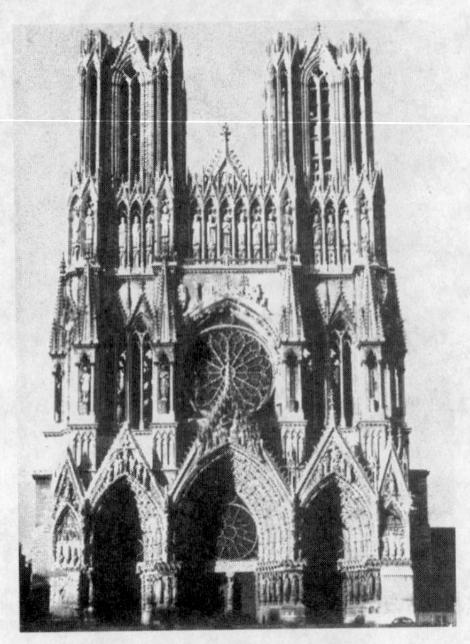

图 5—13　相似的哥特建筑

Loon）先生也说中世纪具有“国际精神”，因为凡受过教育的人交谈和写作都用拉丁语，掌握了知识的人属于国际知识界，不受语言和国籍的限制，教书时没有人计较是在巴黎大学、帕多瓦大学或牛津大学；建筑的情况也大致如此，“一个杰出的艺术家可能从一个建筑工地走到另一个建筑工地，可能从一个修道院被推荐到另一个修道院，也没

有人费心问他是哪一国人”[21]。所以中世纪的哥特建筑都是相似的，甚至有些几乎是相同的。共同的信仰把人们联结在一起，削弱了民族的偏见和隔阂。通过人的流动，就把一种成功的经验从一处传到了另一处，促进了建筑技术和艺术的发展和完善，形成了这一时期建筑的趋同性。

然而令人不解的是，在我们眼里这些形式趋同的中世纪建筑，在西方人自己的眼里，却是最具民族特色的建筑，是他们城市的标志和骄傲。这究竟为什么呢？笔者认为原因主要有三点：第一，哥特教堂往往是城镇中最重要的和最醒目的建筑，它是城镇的象征和自豪。教堂的建设不仅仅是教会的事情，也是全体城镇市民共同关心的事情，“如圣丹尼斯大教堂，大部分体力劳动是由郊区居民自己，即贵族和平民一起完成的。每当农民从采石场用大车拖来石头，商贩和手艺人都不约而同放下手中的工具，停下其他工作，在城门口迎接四轮大货车，一起把它们拉到教堂工地”[22]。它倾注了全体市民最大的热情，所以在每一个市民的心目中，自己的教堂都是独特的；第二，地方传统技术和当地材料的运用。即使请来外地艺术家主持工程，但毕竟大多数工匠来自本土，他们在热情之余肯定自觉或不自觉地把传统技法融入建造过程，加上地方材料的运用，就形成了既流行又特别的本土特色；第三，哥特教堂的世俗化使它与当地人们的日常生活相伴随（图 5－14）：战争时期，人们在那里避难；和平时期，人们在那里买卖货品，

图 5－14　中世纪哥特教堂的世俗化

当地的度量衡就刻在教堂的墙壁上；节日里，人们在教堂前观看演出。不仅如此，有时磨谷和酿酒也在教堂中进行，教堂还可用作储藏食粮和干草的地方……这样教堂就不再是一个单一的个体，而是与其周围环境共同构成了一个别具地方风格的空间整体，具有

了自己的特色。由于以上原因，这些哥特建筑在当地人的心目中，就是无可替代的，是自己的建筑。可见，建筑的趋同不仅是一种客观存在，而且也是一种主观感受。

第三节　西方传统建筑的多元性

与中国的情况不同，西方社会除了在罗马鼎盛时期以及其后几次短暂的相对统一时期之外，以后再没有真正统一过。西方文化就在各民族间的相互交流与冲突中发展和变化，各民族间力量的此消彼长，其主流文化也随潮流而变换方向，建筑也因此表现得纷繁多样。十字军东征使西方人把目光转向东方，建筑受到异文化的影响，而出现了新的变化。

一、民族的差异与建筑的多元

西方各民族基本是在相对独立的环境中发展着，因此不同的民族有着独特的历史，建筑也有着特有的发展轨迹。尽管各民族相互间的影响始终存在，但其建筑还是基本保留着各自不同的风格和发展脉络。

当罗马帝国用武力征服了希腊等地区以后，罗马人在古希腊建筑的基础上发展了自己的建筑。与爱思考、尚简朴的希腊人不同，罗马人是重实际、求享乐的民族。“因此毫不奇怪，由这样一个民族建造的建筑，较之关注美学上的需要，更为关注眼前的实际用途。罗马人并不倾心于艺术创造，当需要建造一个适合于伟大帝国的安详、尊贵和权力的建筑物时，他们就最大限度地借用希腊的建筑形式和趣味”[23]。他们把希腊的柱式拿来加以发展，把埃及人创造的拱券加以发挥[24]。希腊人当做游戏的机械和水力学，罗马人用于改善自己的日常生活，维特鲁威写了《建筑十书》总结希腊和罗马的建筑成就，要求人们严格按希腊的原则进行设计。但这些并不等于说罗马人没有自己的创造，古罗马在建筑上的伟大贡献在于创造了尺度宏大的建筑以及相应的建造技术和艺术形象，创造了众多的建筑类型与丰富的空间设计技巧，在继承古希腊建筑文化的基础上，形成了古罗马自己的建筑形象。古希腊与古罗马建筑一起成为西方传统建筑的典范，被称为西方的古典建筑。

文艺复兴的先锋们用希腊的理性思想武装头脑，用罗马的宏伟建筑鼓舞斗志，把文艺复兴的新思想推广、发扬到整个欧洲。不过不同的民族由于历史和传统的差异，在接受了文艺复兴思想和古典建筑的洗礼之后，各自发展了自己独特的建筑。

法国在路易十四统治时期，是当时欧洲最强大的中央集权的君主专制国家，路易十四以君主的独裁统治对法国以至整个欧洲的建筑造成影响。为了与意大利的教皇争胜，他命令修建欧洲最豪华的宫殿，并主持培养欧洲一流的艺术家，设立雕刻学院、建筑学院以及在罗马的美术学院，定期选拔获奖学生去罗马美术学院深造。同时他还授意理论家们总结系统的理论，在建筑上形成了追求严谨、端庄的古典主义建筑及其园林，以体现国王统治的世界和谐、秩序和万众一心（图 5—15）。同时，路易十四为了加强中央

图 5—15　巴黎凡尔赛宫鸟瞰

政权，削弱地方势力，特意把各地豪强集中于巴黎，让他们过着花天酒地的生活而“乐不思蜀”。在这种安逸闲适的生活中，形成了追求风雅、高尚的所谓宫廷文化，以追求无可挑剔的礼仪和高贵不俗的谈吐为特征。这种宫廷文化的品味也左右着艺术的倾向，其发展和泛滥的结果是导致了矫揉造作的洛可可式的装饰风格；物极必反，腐化奢侈的生活终于走到了它的反面，法国大革命把路易十六送上了断头台，法国建筑也在经过了一段群情振奋的“帝国风格”后由传统走上现代的发展道路。

英国早在 17 世纪已经通过革命建立了早期的共和国体制，其间虽在 1659 年有过短暂的王政复辟，但表面上看从 1688 年开始，步入了稳定的君主立宪体制。因此英国正统社会厌恶腐化堕落，道德败坏，巴洛克和洛可可风格没能在英国立足生根，他们更倾向于稳重、自然和自律的风格，流行帕拉第奥主义（Palladianism），崇尚理性主义，提倡回归自然，设计趋向简单朴素，取消了曲线和卷涡以及其他怪诞的装饰（图 5—16）。园林艺术则受到中国古典园林的影响而崇尚自然美。随着 19 世纪工业时代的到来，伴随着封建贵族的怀旧心理和资本主义的自我表现心理等复杂的社会心态，英国在高耸的哥特建筑复兴中走向了寻求现代建筑的发展之路。

图 5—16　英国奇兹威克府邸

公元8世纪时，西班牙遭到阿拉伯人的侵略，由于当时的西班牙已是相当的衰落，这就使伊斯兰文化很快在西班牙扎下了根，虽然到15世纪末西班牙人终于把阿拉伯人驱逐出境，建立了自己的王国。但伊斯兰文化已成为西班牙人心中挥之不去的记忆，正如英国历史学家伯纳·路易（Bernard Lewis）所说："阿拉伯人扩张运动的真正奇迹，在于被征服地区的阿拉伯化，而不是他们军事上的胜利。"[25]阿拉伯人虽然走了，但其华丽的建筑及其所负载的文化却永远地留在了西班牙。1401年开始建造的赛维利亚大教堂，完成于1519年，是带有浓郁伊斯兰风格的哥特建筑。伊斯兰教规定不准表现人物，工匠们就发展了精美的线条和图案，成为伊斯兰文化的象征。大教堂墙面上华丽精致的装饰图案，马蹄形券造型，内部拱顶的细密装饰，都显示出东方精美的装饰性（图5—17）。不仅如此，许多世俗性的建筑也具有浓郁的东方情调。当巴洛克建筑在西班牙流行时，仿佛是对过去远离天主教的补偿，天主

图5—17　西班牙塞维利亚大教堂及细部

教的势力异常嚣张，其建筑则变本加厉地繁杂堆砌，被称为"超级巴洛克"。即使如此，西班牙建筑中仍然可见伊斯兰建筑的装饰手法，尤其在大量的普通建筑中，形成西班牙特有的风格（图5—18）。

图5—18　西班牙塞维利亚建筑

荷兰由于地理位置的优势，通过从事商品运输而富裕起来，到17世纪时达到了它的黄金时代，并进行了大量的建筑活动，宫殿多是文艺复兴式的。生活的富足和开放的思想，使建筑的形式显得生动、自由，不拘泥于传统。最有特色的是那些沿运河建造的住房，由于沿街立面的宝贵，房屋都是又高又窄的样子，三角形山墙面向道路和运河，每一个房子都不相同，各有特色，墙面用红砖砌筑，勾以白色线条，窗子开得很大，因为室内楼梯窄小，家具必须通过窗子用绳子吊到楼上的房间里，这样一来，建筑形象显得优雅轻盈，透着欢乐，是荷兰街头一个独特而优美的景观（图5—19）。

图5—19　荷兰街景

当意大利把文艺复兴的火种传遍欧洲时，自己却受到了天主教耶稣会的疯狂反扑，但是宗教的狂热并不能像从前那样使人们服服贴贴，受过文艺复兴洗礼的人们有着强烈的表现欲和创造欲，他们渴望用自己的独特艺术形式表现新的时代，即使是一种扭曲的表现。同时，经过宗教改革后的教会也不可能再甘于寂寞，他们要用世俗的物质财富来装点教堂，声称辉煌壮丽的教堂能使信徒心潮澎湃，信仰弥坚。在艺术上这两种倾向的结合就形成了以强烈的动感为突出特征的所谓“巴洛克”艺术（图5—20）。巴洛克艺术产生在文艺复兴的故乡意大利是很自然的，因为是文艺复兴激发了这种充沛的创造力，激励着人们去追求和表现个性，它开创了一个敢于打破规则的时代，为新时代的到来做了思想上的准备。

图5—20　意大利巴洛克建筑

应当说明的是，在中世纪以前，从文化的角度来看，西方世界还可以算做是一个基本统一的整体，各地建筑亦呈现趋同性，其多元性主要体现为民族的承接，如罗马文化对希腊文化的继承和发展，以及异文化的影响，如东西文化结合的哥特建筑。文艺复兴以后情况就大为不同了，国王们利用世俗的力量和新兴商人阶级的力量而日益强盛起来，首先是英国于16世纪初就宣布脱离罗马而独立自主，此后其他国家也都纷纷效仿，先后成立了民族主权国家，然而各国家之间的纷争、竞争和交流并没有结束，所以，建筑中一个潮流接着一个潮流从这里涌向那里，此起彼伏。这些潮流每到一处都由于当地的传统和历史不同而变换形式，形成西方世界丰富多彩的建筑景象。

二、异域的影响与建筑的多元

1. 哥特建筑（Gothic）——一颗奇异的明珠

哥特建筑是东西文化结合的产物，就像佛塔给中国传统建筑带来光彩一样，它是吸收外来文化的结果。不同的是，哥特风格在中世纪是西方建筑中最重要的建筑风格，其设计手法不仅运用在教堂建筑中，而且也渗透到几乎所有其他的类型包括世俗性的建筑中，因此说它是西方建筑史中一颗奇异的明珠。

公元1095年教皇乌尔班二世（Urban II Pope）在法国克莱蒙（Clermont）召集的一次大规模的宗教集会上，面对成千上万信徒发表了充满鼓动性的演说，他号召所有的基督徒参加圣战——十字军东征，收复基督教圣地。几个月后，第一支十字军带着宗教的狂热和对财富的痴想出征了，此后在约200年的时间里进行了8次大规模、多次中等规模的远征。无疑，十字军东征像历史上所有的战争一样，给参战双方和沿途百姓造成了严重的伤害。但它不仅促进了东西方贸易，扩大了市场，而且使西方直接接触到先进的东方文明。在阿拉伯人宏伟壮丽、精美绝伦的清真寺面前，西方人艳羡不已。的确，拿欧洲粗重的罗马风教堂与之相比，简直是天壤之别。当时，罗马风教堂为了平衡中央拱顶侧推力，采取了许多种方法，有的在侧廊上建顺向的筒形拱，有的在侧廊上造半个筒形拱抵住中厅拱顶的起脚，但这些方法都不能解决中厅采光的问题，而且由于筒形拱的侧推力比较大，建筑时有倒塌的情况，高度上也很难突破。东方伊斯兰建筑使西方的工匠们大开眼界，他们从伊斯兰建筑那里学来了肋架拱的结构方法，把拱顶区分为承重结构和围护结构，这样结构就变得轻巧多了（图

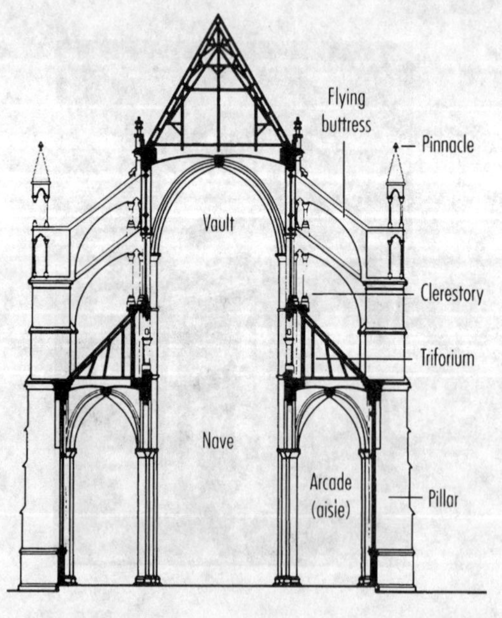

图5—21　肋架拱结构体系

5—21)。有趣的是，早在古罗马时期就已经发展了这种肋架拱体系，只是由于罗马帝国已是夕阳落日，没来得及大规模地推广应用。这种结构技术幸好在东罗马得以保存和发展，形成了辉煌的圣索菲亚大教堂，又在阿拉伯国家中发展了灿烂的清真寺，时隔近千年才转了回来，再次为西方的建筑增添光彩。哥特建筑在使用肋架拱的基础上，又吸收了伊斯兰建筑中尖券、尖拱的做法，大大地减小了中厅的侧推力，飞券的使用又使侧廊的高度得以降低，这样从上到下就形成一套完美的结构体系（图 5—22）。结构问题一解决，建筑就获得了空前的解放。尖券、尖拱的形式正好符合宗教向往天堂的精神需要，也是人们渴望向上帝呈现最高技能的需要，是再强调也不会太过分的。于是，在内部“柱头渐渐消退，支柱仿佛是一束骨架券的茎梗，垂直线统治着所有的部位”。于是，在外部“轻灵的垂直线条统治着全身。扶壁、墙垣和塔都是越往上越细，越多装饰，越玲珑，而且顶上都是锋利的、直刺苍穹的小尖顶。所有的券都是尖的，门上的山花、龛上的华盖、扶壁的脊，总之，所有建筑局部和细节的上端也都是尖的。凌空的飞券，腾越侧廊的屋顶，夹住中厅，似乎要把教堂弹射出去。而西面的钟塔，集中了整个建筑物的冲劲，完成了向天的一击”[26]。引用一大段陈志华先生的描述是要说明：哥特建筑是西方人天才想像力和非凡创造力的充分显示，也是建筑和结构的完美结合，是东西方建筑的完美结合，它表达了西方人对上帝的执着与热情。

图 5—22　法国波尔多大教堂鸟瞰

2. 洛可可装饰（Rococo）——来自东方的一缕新风

17 世纪以来，西方虔诚的传教士们为了“神圣的使命”远到中国。其实，文化的传播总是双向的，且不说他们传教的事业如何，反正在他们返回家乡时，他们的行囊中增加了许多中国的物品。“中国的丝绸，质地纯良，色彩艳丽；中国的陶瓷，工艺精细，端庄雅致；中国的装饰画，风格纤巧轻盈，飘逸典雅，为西方工匠画家所倾倒，他们竞相模仿，尽情发挥，终于在建筑和造型艺术上形成了一种新的审美思潮——洛可可风格”[27]。当然，中国艺术的传播决不是洛可可风格产生的惟一原因。不过，西方人在中国艺术中找到了符合他们审美趣味的方面，从而这些方面就顺着西方人的趣味加以发挥，形成了他们自己的风格。这种风格主要用在室内装饰方面，在欧洲被称为“中华装饰”。

其实，在 17、18 世纪，中国的工艺品并不能代表中国绘画的最高成就，受上层贵族官僚和下层商人市民文化的影响，这些工艺品表现为繁复、华丽和矫揉的俗艳之风，

而这却正好符合当时法国宫廷文化的需要。当时的法国，刚刚结束了路易十四的专制统治，自由与浪漫是生活的最高原则，充满着追求享乐的气氛。整个社会沉浸在“我死后管他洪水滔天”的宣言中醉生梦死。路易十五的情妇蓬巴杜夫人（Madame de Pompadour）的审美趣味成为全国上行下效的典范，她对中国的艺术有着浓厚的兴趣，她的客厅里，有关中国文化是一个永久的话题，她还经常光顾专售中国商品的店铺，有时一次就购进多个中国的青花瓷瓶。一定是受中国丝绸玄妙闪烁的光泽启发，洛可可装饰追求一种柔和、飘浮的光感，欣赏镜前摇曳、迷离的光影；在色调上也一反西方以金与褐为主调的传统，采用中国传统青与黄的对比色调，金色的浮雕，淡红色的镶板与淡青色的天花相配，营造出一种甜蜜的气氛。喜欢使用嫩绿、粉红等娇嫩的色彩；在造型上则把中国瓷器、丝绸的曲线韵味加以推广，镜框的边缘，门窗的上槛和各种转角都用多变的曲线来装饰，这些曲线尽管不失优雅，但还是缺了些端庄（图 5－23）。中国传统文化讲究中庸和适可而止，所以各种倾向都不会过分张扬，可一旦被西方人所捕获，就把它发挥到了极致，它为西方的建筑历史吹去一缕清新的东风。

图 5－23　法国凡尔赛宫廷中的洛可可装饰

3. 英国自然风致园—— 园林艺术的一束奇葩

自然风致园是中英园林的完美结合。自然风致园之产生于英国不是偶然的，首先，作为四面环海的岛国居民，英国人对自然美有种天生的敏感，那种夸张混乱的巴洛克艺术和矫揉造作的洛可可艺术，不能留住英国人的兴趣；其次，18 世纪时，英国风景画已是一派生机勃勃的景象，远在东方的中国园林艺术中那种顺应自然的思想很容易吸引英国人的注意。英国皇家建筑师威廉·钱伯斯（William Chambers）到中国游览考察后，在其《东方的园艺》中盛赞中国的园林艺术，并于 1761 年建造了中国式的园林丘园（Kew garden）。最后，工业是人类对自然的征服和挑战，随着工业及其产品的大量涌现，人们在赞美工业的巨大威力的同时，也痛心地看到人工物正在无情地侵蚀着自然，自然环境遭到破坏，过去不大为人们所珍惜的自然逐渐受到人们的重视和爱惜。工业革命最早发生在英国，英国也最先感受到工业的威力和自然的珍贵，人们回忆工业以前的世界，留恋过去田园式的浪漫生活，从而形成一股向往中世纪的心理倾向，建筑中的哥特复兴也是这种心理的反映。

当英国人最早遇到中国古典园林的时候，正是处在这样的心境之下，他们于是用自己的思维方式和需要去理解和接受中国的园林，他们注意到中国园林中建筑与自然的和谐关系，却没有真正认识到中国古典园林其实是一种表达个人，尤其是中国文人的感怀和情操的寄托，完全忽略了那些意味深长的题词和精心设计的残埂断壁。所以钱伯斯在《设计》中写到中国园林时，他说“大自然是他们的仿效对象，他们的目的是模仿它的一切美丽的无规则性”。这显然只是看到了中国园林的表面现象，他还说，中国人为了造成可怖和崇高的景象，在园林里掩藏着“溶铁炉、石灰窑和玻璃车间”，游览园林的人可以见到“岩石中幽暗的山洞……巨大的狮子、恶魔和其他吓人的东西的塑像……时不时地他要为一次又一次的雷击、人造暴雨或者猛烈的阵风及意外爆发的火焰而大吃一惊……”[28]可以说，他完全没有能够抓住中国园林的本质。因此英国自然风致园尽管受到中国古典园林的影响，但还是与自身文化有着不可分割的联系。首先西方观念中，人与自然之对立关系的思维模式，使他们在理解中国园林的“写意”方面有所不易，人与自然的互通共生关系对于他们是难以理解的；其次，在西方文化观念下，其园林只可能是有这样两种不同的方向，一种是“未经触动的自然”，认为“凡是自然造出来的东西没有不正确的”[29]，他们顺应自然，甚至顺应自然的缺陷。另一种是人工的规则的几何式园林，认为：“如果不加以调理和安排均齐，那么，人们所能找到的最完美的东西都是有缺陷的”[30]。就是要体现理性之美，表现理性的明晰性、精确性和逻辑性，领略“征服自然的乐趣”。所以水是反其道而向上喷射的，草树是直线直角的，如法国古典主义园林那样。正因为这样，他们眼中的中国古典园林也不外这两种基本特征，所以英国古典园林实际是在自身文化的基础上，借鉴中国古典园林中对之有启发意义的方面，形成了不同于中国的英国式的园林特色。当它走向成熟时，就具有了对其他国家和地区的影响力（图5—24）。

图 5—24　英国斯托海德庭园

中国古典园林以“中英式花园”的形式，对18世纪的法国和德国等欧洲国家的园林都有不同程度的影响，如法国凡尔赛园林中的小特里阿农花园，园中拱桥、曲溪、小径、农舍等设置，使人犹如置身中国古典园林一般（图5—25）。

图 5—25　巴黎凡尔赛中的小特里阿农花园

当时的法国，园林中若没有中国式亭，就算不得时髦！在德国，学习中国园林之风不减法国，1773年，德国风景园艺学家西克尔（F. L. Sekell）被派往英国，向钱伯斯学习园艺建筑。同年翁策尔（Ludwig A Unzer）出版了《中国园林论》，认为“中国园林是一切园林艺术的典范”[31]。位于卡塞尔（Kassel）附近的木兰村（Moulang）是中英式花园中最宏伟的作品，也是当时德国规模最大的中国式花园之一。此外，这种中国式的花园又通过德国传到了匈牙利、瑞典和俄国，一度成为整个欧洲效仿的典范。

小　结

以古希腊、古罗马文化为基础的西方传统文化，是以人与自然的疏离关系为基础的二分的思维模式。因为人与自然二分，所以人要征服自然；因为人之灵与肉二分，所以有现实生活和彼岸世界的不同，从而有了向往彼岸的宗教；因为人我之间二分，所以要求人人平等的权利；因为自然之规律、本质与现象二分，所以要追求瞬息万变的现象背后之永恒的真理……因此某种程度上可以说，西方建筑的历史就是人与自然斗争的历史，也是人类追求真理、渴望从自然中获得自由的历史。

西方传统文化的这些特征，决定了建筑的多元性表现为一种纵向的方面，明显反映出人们对客观世界认识上的变化和建造技术的更新，即使在对神的崇拜中，也无不表现出人的非凡创造性，因此，不同时期的建筑有着跨度极大的差异；其次，由于西方世界始终没有如中国那样形成一个大一统的整体，所以各民族保留更多自己独特的文化传统并有着自己的发展脉络，其建筑也因此各不相同，呈现多元的现象；最后，异文化的吸收，令西方建筑的历史变得更加丰富多彩。

西方建筑趋同性的方面，主要有两点。首先是西方的建筑作为人类最高技艺的展示。各时期的建筑尽管形式不同，却都显示着当时最高的技艺和最新的成就，因此西方建筑充分体现出西方人对真理的永恒追求。其建筑注重表达的真实性和准确性，形式上讲求符合形式美的原则，其审美趣味不在于形式背后的意义，而重视是否符合美的规律性，表现为科学的理性精神。此外，宗教的虔诚，又使他们相信，用上帝赐予人类的智慧，一定能战胜自然，挑战自我，他们是用自己最丰富的知识和最精湛的技艺，表达对世界的掌握已达到的程度。在不断求高求精的建筑表象中，包含着西方人对真理的一贯执着。其次，西方世界在政治上并没有真正的统一，但在宗教的旗帜下，各民族有了共同的目标，即是对上帝的虔诚。共同的目标引导人们以同样的热情建造教堂，赞美上帝，赞美自己的家园，形成具有高度统一风格的建筑。

应当注意到，在西方建筑历史上，同一风格的建筑总是在一定时期内流行，成为这一时期显著的特征。风格流行的过程，其实就是建筑趋同的过程。一种风格流行的过程中，建造的技术和造型的技巧得以普及和发扬，使它逐渐成熟、稳定直至完善。当这一风格不再符合人们的需要时，新的技术和新的风格就孕育而生，因此可以说建筑的多元是人类不满足现状的继续求索。[32]

【注　释】

① 杨适《中西人论的冲突》. 第 101～102 页. 中国人民大学出版社，1991 年 3 月
② 宗白华《美学散步》. 第 238 页. 上海人民出版社，1981 年 6 月
③ 同上
④ 周宪《美学是什么》. 第 50 页. 北京大学出版社，2002 年 1 月
⑤（英）伯特兰·罗素《西方的智慧》. 第 32 页. 文化艺术出版社，1997 年 11 月
⑥ 转引自宗白华《美学散步》. 第 271 页. 上海人民出版社，1981 年 6 月
⑦ 同上，第 98 页
⑧ 引自朱光潜《西方美学史》. 第 52 页. 人民文学出版社，1985 年 5 月
⑨（英）帕瑞克·纽金斯《建筑史话》（四）. 第 99 页《建筑师》. 第 56 期
⑩ 陈志华《外国建筑史》. 第 80 页. 中国社会科学出版社，1979 年 12 月
⑪ 同上，第 98 页
⑫（法）勒·柯布西耶《走向新建筑》. 第 171 页. 中国建筑工业出版社，1981 年 4 月
⑬（英）帕瑞克·纽金斯《建筑史话》（二）. 第 111 页.《建筑师》，第 56 期
⑭ 同上，第 109 页
⑮ 张延风《西方文化艺术巡礼》. 第 62 页. 中国青年出版社，1998 年 12 月
⑯（英）彼得·柯林斯《现代建筑设计思想的演变》. 第 255 页. 中国建筑工业出版，1987 年 11 月
⑰ 引自陈志华《外国建筑史》. 第 121 页. 中国建筑工业出版社，1979 年 12 月
⑱ 同上，第 122 页
⑲ 郑光复《建筑的革命》. 第 184 页. 东南大学出版社，1999 年 5 月
⑳（英）贡布里希《艺术发展史》. 第 134 页. 天津人民美术出版社，1992 年 4 月
㉑ 同上，第 134 页
㉒（英）帕瑞克·纽金斯《建筑史话》（四）. 第 102 页.《建筑师》，第 58 期
㉓（英）帕瑞克·纽金斯《建筑史话》（二）. 第 108 页.《建筑师》，第 56 期
㉔ 根据房龙《人类的艺术》（上），第 73 页，“希腊人去过（幼发拉底河谷），但不知为什么，对使用穹顶建房很不热心。穹顶的革新技术，后来传到小亚，而小亚（我们应相信希罗多德，他素有研究）的吕底亚人在逃难中来到意大利中部的伊特鲁里亚，把穹顶带到那里。公元前 4 世纪，罗马人征服伊特鲁里亚，在那里看到了穹顶，又向欧洲各地传播。这就是现代穹顶的来源”。
㉕ 郑晓云《文化认同和文化变迁》. 第 163 页. 中国社会科学出版社，1992 年 10 月
㉖ 陈志华《外国建筑史》. 第 83 页. 中国社会科学出版社，1979 年 12 月
㉗ 王庆生《绘画——东西方文化的冲撞》. 第 90 页. 北京出版社，1991 年 11 月
㉘ 陈志华“英国的造园艺术”自《建筑史研究论文集 1946～1996》，第 43 页，中国建筑工业出版社，1996 年 9 月
㉙ 同上，第 42 页
㉚ 陈志华“法国造园艺术”. 第 109 页《建筑史论文集》，第七辑
㉛ 沈立新《绵延千载的中外文化交流》. 第 286 页. 中国青年出版社，1999 年 7 月
㉜ 在西方精神文化中，存在着相辅相成、不可分割的两个方面，被德国哲学家尼采称之为日神精神和酒神精神，前者是指科学的理性精神，后者是指浪漫的热情。英国哲学家罗素在《西方哲学史》中也说：“事实上，在希腊有着两种倾向，一种是热情的、宗教的、神秘的、出世的，另一种是欢愉的、经验的、理性的，并且是对获得多种多样事实的知识感到兴趣的。”西方传统文化中这种理性的日神精神和浪漫的酒神精神相结合，形成西方社会丰富多彩的建筑景观；理性的日神精神促使西方人执着地探索知识，追求真理，使西方建筑历史表现为推陈出新和跳跃式发展状态；浪漫的酒神精神带给他们一种永久的好奇心和求知欲，使他们能够以持续的热情从异文化中吸收营养，实现知识更新和建筑革新。

布鲁塞尔

波恩

波尔多

米兰

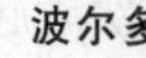

第六章

当代建筑全球化中的多元性

不是为了要知道人们做过什么，而是要理解他们想过什么，这才是历史学家工作的适当定义。

——（英）科林武德《历史的观念》

总有一天，所有的欧洲国家，无须丢掉你们各自的特点和闪光的个性，都将紧紧融合在一个高一级的整体里。

——（法）维克多·雨果

科隆

巴塞罗那

第一节　全球化的历史进程

根据美国历史学家斯塔夫里阿诺斯的观点，我们把全球性发展的历史大致分为三个阶段：第一阶段从1492年哥伦布抵达圣萨尔瓦多至1840年鸦片战争爆发，西方开始走向世界，中国社会富足的生活和精美的商品使西方人充满了崇敬，中国传统文化影响了整个西方世界；第二阶段从鸦片战争至两次世界大战结束。鸦片战争的胜利使西方人信心大增，征服世界的野心也极度膨胀，西方中心主义达到高潮；第三阶段是二战结束至今，各民族在反抗西方霸权主义的斗争中，民族意识增强，各民族开始要求独立并坚持自己的文化传统，世界形势朝着多元化的方向发展。

一、西方开始走向世界

正如美国历史学家房龙（H. W. Van Loon）先生所说，"在整个14世纪和15世纪期间，（西方）航海家们只想干成一件事——即他们想找到一条通达中华帝国，通达吉潘古（日本）以及那些盛产香料的神秘之岛的舒适而安全的航路"①。这时西方社会经济和技术的发展，商业和城市的繁荣，更有马可·波罗（Marco Polo）为人们描绘的神奇而富庶的东方世界，再一次激起西方人曾在11世纪就有过的东征的渴望。

宗教的使命和财富的诱惑加上经济和技术的支持，使西方人坚持不懈地探索远洋的安全航道，努力占领更多的领地，对外殖民扩张。1492年意大利航海家哥伦布（Cristoforo Colombo）在西班牙女王伊沙贝拉（Isabella）的支持下发现了美洲大陆；1497年，葡萄牙航海者达·伽马（Vasco da Gama）从葡萄牙经过好望角到达印度洋，开辟了新航线；1519～1522年葡萄牙航海者麦哲伦（Fernão de Magalhães）率领的船队完成了环球大航行……远航得到的财富，使欧洲其他国家羡慕不已，荷兰、英国、法国等国家纷纷投入到对新航路的探寻之中。1514年葡萄牙商人抵达中国并与广州通商；1637年和1640年，英国人和荷兰人也先后抵达广州与中国人进行贸易。初次接触到中国文化的西方人，无比惊讶于中国人生活的富足，社会的安定和物质的精美，于是在欧洲掀起了一股长达一个多世纪的中国热：欧洲的富人以能穿着用中国丝绸制作的服装和拥有中国的青瓷花瓶而骄傲；欧洲的哲人从中国文化中汲取灵感发动了轰轰烈烈的启蒙运动；欧洲的商人则用大量的金银换取中国的商品以牟取暴利；在建筑上，中国的建筑尤其是园林建筑使欧洲的建筑与园林产生新风格。这种情形在18世纪时达到高潮。可以说，中国文化及其相关的一切对近代西方社会生活的变革起着重要的推动作用。

与西方人高涨的扩张和学习热情相比，中国人对西方世界则显得冷漠和不屑。1793年，乾隆皇帝在答复英国国王乔治三世（George Ⅲ）要求建立外交和贸易关系的一封信中说："在统治这个广阔的世界时，我只考虑一个目标，即维持一个完善的统治，履行国家的职责。奇特、昂贵的东西不会引起我的兴趣……正如您的大使能亲眼看到的那样，我们拥有一切东西。我根本不看重奇特或精巧的物品，因而，不需要贵国的产

品”②。如果结合中国传统文化的特点和中国当时社会的发展状况，理解乾隆皇帝的这种态度就一点也不难。从当时的形势来看，中国正处在所谓“康乾盛世”，国家兴盛，物质丰富。以物易物难以实现，西方人只能用大量的金银来换取中国的物品。中国人根本不屑也无需同这些“蛮族”交往，所以与西方人的贸易往来被控制在极其有限的范围内。即使如此，正如美国经济学家贡德·弗兰克（Andre Gunder Frank）在《白银资本》（“Reorient：Global Economy in the Asian Age”）中所指出的，通过世界性的商品交易，“亚洲至少从欧洲吸纳了 52000 吨白银，（再加上直接贸易，亚洲吸纳了 68000 吨白银即占 1600～1800 年白银总产量的一半）……美洲白银的⅓最终进入了中国，另外⅓进入了印度和奥斯曼帝国。”

如果说“全球化”，那么当时的全球化是以东方为主导的全球化。

二、西方中心主义达到高潮

到 1914 年第一次世界大战之前，欧洲诸强国利用它们的坚船利炮并吞了整个非洲，并有效地建立了对亚洲的控制（图 6—1）。从此，西方国家由不发达到发达，从被围攻

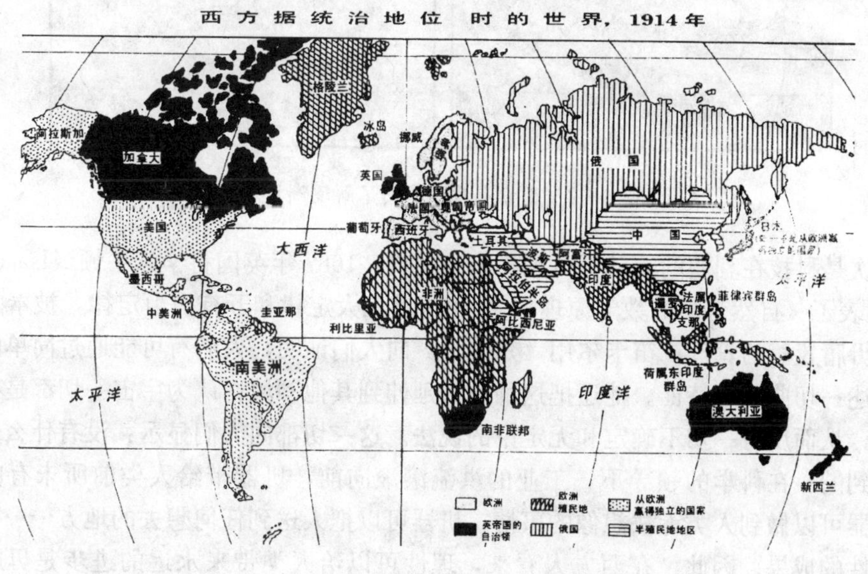

图 6—1　西方据统治地位时的世界格局

到围攻，民族自信得到最大限度的张扬，民族优越感也得到最大限度的发挥，对其他文化的压制和歧视也最甚。他们毫不留情地把自己的文化强加于被殖民国家，使西方文化笼罩全球。而被殖民国家的情况则正好相反，他们在被压迫的状态中自卑、自责。在西方先进科学技术的光环照耀下，人们普遍认为西方的文化是无与伦比的，是最优秀的文化。从而在客观上更助长了西方霸权主义和西方文化中心主义。“全球化”的主导方向由东方转向了西方。这是西方政治、经济、文化全球扩张的结果。

全球性的扩张给西方社会带来的变化主要有以下方面：

首先是人们的眼界前所未有地扩大了（图6—2）。地理知识不再局限于一个地区、一块大陆或半球，这就使那种征服世界的雄心和“到世界各地去，将福音传播给每一个人”（《圣经·马可福音》）的责任心被激发得空前高涨。他们把自己的文化强加于世界，到20世纪初终于造成了全球西方化的局势。

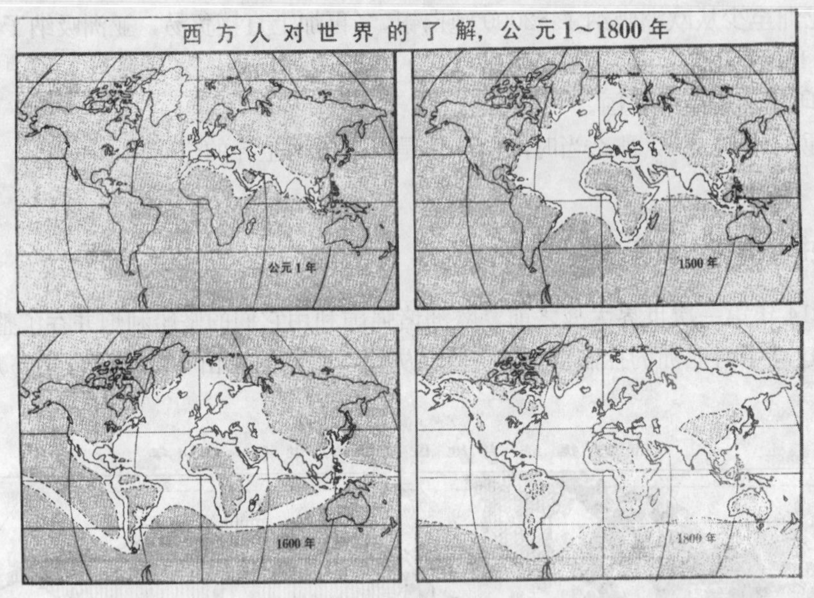

图6—2 西方人对世界的了解逐渐增加

其次是科技在利润的驱动下得到飞速的发展。1687年英国科学家牛顿（Isaac Newton）发表了《自然哲学的数学原理》，提出运动三大定律和万有引力定律，被奉为宇宙世界中毋庸置疑的真理；笛卡尔用《几何学》向人们证明，人们有可能通过简单的方程式来描述一切曲线的特征。他还把这种方法延伸到其他领域，认为宇宙一切都是有规律可循的，从而反对一切不确定和无定论的说法。这一切都向人们显示：没有什么是人类无法做到的！在科学的领导下，工业的洪流滚滚向前，机器带给人类前所未有的新发展，机器可以做到人类无法想像的事情，机器可以把人送到任何想去的地方……机器是人类理性的成果。因此，在西方人看来，理性可以给人类带来永远的进步是毋庸置疑的。就这样，西方人在推翻了上帝之神后，又为自己造了一个新神——机器。他们以机器的原则去理解世界，以制造机器的思路去改造世界，从而独断专行地实行全球西方化的统一政策，开启了西方霸权主义的大门。

再次，科学的发展不再源于某种实用的目的性，而进入一种“自驱动的发展”阶段。就是说，科学不再依赖于原有的需要，而是以自己本身的发展为需要，其自身有了独立的体系，这就为科学的发展提供了更为广阔的空间。科学的这种自律性，使从事科学的知识精英拥有了一种游离于物质、政体等社会制约因素之外的独立人格。他们怀着

救世的使命感和神圣感，高举理性的旗帜追求科学和艺术的纯净性，这种现代主义思想在理论和实践方面都取得了很高的成就。

最后，科学技术的先进性，使西方世界在政治、经济和文化等各个领域都处于优势地位，给人造成这样的幻觉，西方的文明就是世界上最先进的文明，白人种族就是世界上最优秀的种族。自然地，白人种族就有责任教导其他的种族。19世纪末英国作家拉迪亚德·吉卜林（Joseph Rudyard Kipling）在一首短诗中这样写到：

承担起白人的责任——
将你们培育的最好的东西传播开来——
让你们的子孙离家远去
去满足你们的俘虏的需要……[③]

其种族优越感和西方中心主义思想溢于言表。

在理论上系统阐述西欧中心论的是德国哲学家黑格尔（G. W. F. Hegel)。他把世界发展的过程分为四个阶段：古代东方是其童年时期，古希腊是美好的青年时代，古罗马是壮年时代，而日耳曼—基督教世界则是老年时代。就是说，世界历史从亚洲起步至欧洲而达到终点。在黑格尔眼里这个终点并不是自然界中那种衰败的老年，而是精神的老年时代，是完满和成熟的象征。所以只有欧洲的文明才是最优秀的文明，并且只有日耳曼民族才是能担负起新世界精神的民族。同黑格尔一样，法国哲学家孔德（Auguste Comte）也认为历史过程终将达到完满的状态，这一状态必将完成于欧洲，所以研究历史只需关注人类的精华部分，也就是西方的历史，至于中国、印度等国的历史则无足轻重。德国历史学家兰克（Leopold Von Ranke）也坚定地声称“历史教导我们说，有些民族完全没有能力谈文化……我相信从全人类的观点来看，人类的思想……只是在伟大民族中历史地形成的”[④]。在这些理论的基础上，西方人普遍地把欧洲向全球的侵略扩张看成是在传播先进的文明，甚至把强迫其他民族采用西方的方式看成是白种人的负担[⑤]。这种观点无疑为西方的殖民扩张起了推波助澜的作用，也为在全球推行西方文化提供了理论基础。人们普遍认为，西方标准就是世界的惟一标准，西方世界就是各民族向往的最光明的前景。就这样，西方将其文明凌驾于其他一切文明之上，实现了前所未有的全球一体化。这种状况直到1914年第一次世界大战以后才开始削弱。

三、民族意识的觉醒

事实并不似西方人想像的那么简单，波兰遭入侵、珍珠港事件爆发、对犹太人的大屠杀、广岛大轰炸和柏林墙的筑起以及越南战争……，一系列的事件使人们猛醒。两次世界大战的爆发给自信的西方人当头一棒，暴露出西方文化中固有的弱点。各民族国家在同西方列强的斗争中增强了民族意识，争取独立的斗争此起彼伏。二战之后，西方失去了大部分的殖民地。在1944～1970年仅26年的时间里，先后就有63个国家获得了独立。

西方文化优越性的神话不仅在非西方国家而且在西方世界也受到怀疑。

曾经不可一世的西方人开始反省自己。他们再一次睁开眼睛面向东方，这既不同于初

次与东方接触时的好奇和羡慕，又不同于之后的不屑和鄙视，而是期望从东方文化中找到答案。法国启蒙思想家伏尔泰（Voltaire）改编的中国元曲《赵氏孤儿》被搬上舞台，越来越多的人认识到，在宗教权威之外还有伦理道德的权威，而这种权威并不是来自上帝的启示。西方人不得不承认，不同的文化都有自己独特的价值和标准，当然也各有自己特有的问题，各民族只有在相互平等和尊重的基础上，才能相互学习、共同进步。

科学的发展也促进了西方文化中心主义的解体。德国物理学家爱因斯坦（Albert Einstein）相对论对牛顿定律的质疑，测不准理论和模糊数学的产生，使科学和理性的神话破灭了。科学还证明，甚至“人对天气从原则上讲不可能做出精确的预报。三个以上的参数相互作用，就可能出现传统力学无法解决的、错综复杂、杂乱无章的混沌状态。”[⑥] 于是，许多科学家转向混沌学的研究，70 年代到 80 年代发表了不下 5000 篇相关论文、近百部专著和文集。理性的光环随之暗淡了，知识精英们不得不走下神坛，走向大众。

现代自然科学还认为，一个给定的自然实体不是无限可分的，它有一个最小的可分量，超出这一可分量，其部分便不是这个实体的质素了。科学的结论给哲学家以新的启发，英国哲学家亚历山大（Samuel Alexander）认为，一切存在的事物都有一个空间的方面和时间的方面。在空间方面，它有一定的位置；在时间方面，它总是移向新的位置。运动使物质在时空统一体中彼此相互联系。怀特海也认为物质的每一粒子通过运动作用于整个宇宙，所以每一物质存在于所有地方[⑦]。从而强调了事物之间的相互关系，不再是互相割裂的了。同时，自然科学还认为，自然实体在时间中存在，不同种类的实体拥有各自特定的适当时间量，在更短的时间间隔内它便不能存在。所以怀特海说“自然在瞬间不存在”[⑧]，因此“自然界如何呈现给我们，相当意义上依赖于我们观察它的时间”[⑨]。这一新的自然观突破了二元论的局限，开始注意到事物间的内在联系和事物发展的过程性。从此笛卡尔的心、物二元论受到质疑。当传统的二元论被打破以后，人们难免矫枉过正，强调不确定性和过程性，但从此西方的自然观避免了二元分立的局限，对世界的把握更真实、更客观。

在这一形势下，黑格尔的经典哲学也受到怀疑：世界那么复杂和多变，而黑格尔竟能把如此充满矛盾的宇宙，解释得那么富于逻辑性，这种哲学是真实的吗？德国存在主义哲学家海德格尔（Martin Heidegger）声明由于技术理性对精神的凌越，使人们不再能“诗意地栖居”……法国存在主义哲学家让·保罗·萨特（Jean Paul Sarter）更把人类自由的存在主义观点推向了极致，他认为人对自己命运的选择是自由的，与传统和个人生活经历没有联系，因此世界是无法确定和无意义的，只有“存在”本身才是真实的。一时间“非理性”、“不可预测性”、“不确定性”等占据了主角的地位。这就使过去西方文化的一统天下受到否定和怀疑，为非西方各民族文化的多元发展提供了理论前提。

在打破西方中心论走向人类文化多元论的进程中，德国历史学家斯宾格勒（Oswald Spengler）和英国历史学家汤因比（Arnold Toynbee）作出了重要的贡献。斯宾格勒所著的《西方的没落》一书，把世界上的各种文化视为一个个独立的有机体，“每一种文化各有自己的观念，自己的情欲，自己的生活、愿望和感情，自己的死亡。”[⑩] 从而否定了西方中心主义的观念，尽管还存在着对非西方文化的偏见，但他还是为人们展示了一个等价性、共时性与多样性的世界文化发展的图景。汤因比在其《历史研究》中也

指出“我试图把人类的历史视为一个整体，换言之，即从世界性的角度去看待它。”[11]同时他“希望看到西方对世界其他地区的统治能回复到与当今其他文明平等相处的地位。”[12]1993年美国哈佛大学教授塞缪斯·亨廷顿（Samuel P. Huntington）在《文明的冲突》中，更是极大地夸大了西方文化面临危机的形势，引起西方世界的一阵恐慌。这些观点都反映出西方人思想上的转变。在随后的20世纪五六十年代，西方史学界掀起了用全球观点考察和撰写世界史的运动。知识精英们逐渐走出象牙之塔，面向大众，更为冷静地对待和尊重异文化，出现了世界文化多元发展的迹象。

第二节　初期的观察与对峙

西方之强者兵，所以强者不在兵。

——梁启超《变法通议》

一种民族不能不吸收他族之文化，犹之一人之身不能不吸收外界之空气及饮食，否则不能长进也。

——蔡元培《说俭学会》

一、相遇与碰撞

中西文化交流史上，在建筑中开始有明显表现的时期当从明末清初开始，以耶稣会教士利玛窦（Ricci Matthieu）入华传教为标志。

中西方在几千年的历史长河中，相对独立地形成和发展了各自的传统文化和传统建筑，它们是如此地不同，以至于它们的相遇显得既尴尬又有趣（图6—3）。

图6—3　相遇的中西建筑

首先，文化观念和建筑观念不同。西方人站在自然世界的对面认识世界，认为世间万物都是由外来者创造的。基于这样的认识，西方人认为，上帝创造了世界，建筑师创造了建筑，所以建筑师具有同上帝一样崇高的地位。而中国人以“天人合一”的角度认识自然世界，认为宇宙和世间万物都是自然自发的产物。在中国人的眼里，“车服、旌旗、宫室、饮食，礼之具也”[13]，建筑师不过是“照章做事”的工匠罢了。

在这样不同的文化观念和建筑观念作用下，造就了一段有趣的对话。西方传教士利玛窦说："凡物不能自成，必须为外为者以成之。楼台房屋不能自起，恒成于工匠之手。知此，则识天地不能自成，定有所为者，即吾所谓天主也。"这种说法对已经皈依基督教的中国文士王徵都觉不妥，他反驳说："工匠之成房屋也，必有命之成者，天主之成天地者，孰命之耶？工匠成房屋，不能为房屋主，彼成天地者，又乌能为天主乎？"对于中国的其他学儒来说，这种论证太缺乏说服力了，因为在中国人的眼里，"制造乃工匠之事，儒者不屑为之。"有位叫许大受的说："我们怎么诬天，以致把天视为一位工匠，没有任何根据地把创造男女的功德归于了它"⑭。

其次，对建筑的认识不同。面对中西方迥然不同的建筑，中国人和西方人在对方的建筑面前，表现为同样的惊奇、不解、不屑，甚至鄙视。

法国传教士王致诚（Jean Denis Attiret）在1743年写给友人达素（Md'Assaut）的信中，描述了中国人对西方建筑的看法："欧洲的住宅和高大建筑在他们看来是可怕的。我们的街道被他们看成是在大山之间凿开的路。我们的房屋他们认为像是远处看的穿了窟窿的悬崖，多少有点像是野兽的洞穴或是熊窝。我们把一层楼建在另一层楼的顶上的做法在他们看来是不可思议的，并且他们不明白为什么会有人一天之内几次甘冒风险爬到五、六层楼上去。当有人给康熙皇帝介绍欧洲的建筑时，他断定欧洲一定是一个极穷、极小的国家，所以百姓不得不住在空中"⑮。在中国人的眼里，西方建筑大不过是一种稀罕物，可以作为一种生活的点缀，如圆明园中的西洋楼那样。

同样，在西方人的眼里，建筑应当是人间最宏伟的大厦，中国那种"矮小"的房屋自然不能称之为建筑。1690年，传教士勒康德（Pere Louislecomte）写道，中国传统的古典建筑"对外国人来说，非常不舒服，而且必然会连那些对真正建筑有一点概念的人都会感到不悦。"1735年，杜浩德（Du Halde）写道："如果与我们的建筑相比较的话，（中国）富人和贵族之宅邸根本不屑一提。如果称那些建筑为宫殿的话，那将是滥用，那些建筑只不过是比一般房舍建得高一些的楼房而已。"

文化的冲突终会在政治上有所反映。1704年（康熙十一年），教皇克里蒙十世（Clement X）明令中国教徒停止祭天拜祖，康熙二十七年（1720年），康熙皇帝则颁布谕示禁教，彼此开始敌对和鄙视，双方的冲突更加明朗。禁教之后，传教士对中国古典建筑的成见更加强烈，英国建筑师法古孙（James Fergusson）写到："中国无哲学、无文学、无艺术，建筑中无艺术价值，只可视为一种工业耳。此种工业，极低级而不合理，类似儿戏。"表现了对中国传统建筑的无知，也显露出殖民者的狂妄自负。英国建筑师富列契（Banister Fletcher）著有《世界建筑史》，他将中国古典建筑归于末章的"非历史样式"，因为"中国建筑千篇一律，自太古以至今日，毫无进步，只为一种工业，不能认为艺术，只有塔为有趣味之建筑"。德国人明斯特尔堡（Oskar Munsterberg）在《中国艺术史》一书中也毫无掩饰地说："中国建筑程度甚低，太古以来，千篇一律，民家宫殿寺院，皆陷入同型，毫无变化。但亦谓塔颇富变化而有趣味，其解释亦颇有理由"⑯。

在人们看来，中西文化及建筑的差别如此之大，以至于西方人发出这样的感叹：

“哦，东方是东方，西方是西方，两者永不相逢，直到苍天和大地同时站在上帝的伟大法庭前”[17]。也许正因为有了这样的差别，才引发了人们的好奇心和征服欲，才有了交流和学习的前提。西方人带着这样的好奇心，把中国园林引入西方，满足了他们的浪漫主义情怀。中国人带着这样的好奇心，把西洋楼引入皇家园林，满足了大国之“移天缩地在君怀”的豪情。

最后，态度的转变。西方传教士的使命感和征服欲，促使他们做出尊重中国文化的姿态。意大利传教士利玛窦注意到：要想得到中国上层社会的欢迎，就得以学识渊博者和哲学家的面目出现，于是他放弃了建西式教堂的愿望，决定“在这开始阶段既不开教堂也不开寺庙，而仅仅是一所讲学堂，正如他们之中（指中国儒者）最负盛名的讲学者所做的那样。”他还明确地用中国传统的“书院”一词代替了“讲学堂”的说法，并把基督教说成是近似儒教的教理，因此得到中国统治者的认可。1601 年利玛窦偕同西班牙传教士庞迪我（Didaeus Pantoja）身着儒装来到北京，受到明万历皇帝的厚待。1605 年，利玛窦负责建造了北京第一座天主教堂——南堂，采用的是中国传统建筑风格，但“其主立面在中国建筑中属山墙，致令东方风水先生们大惑不解[18]。不论出于什么样的目的，西方传教士毕竟做出了对中国文化尊重的姿态，这样才有了交流的前提和基础。

这一阶段，中西建筑交流的最大成果应是圆明园的落成（图 6—4），从此西方建筑

图 6—4　北京圆明园西洋楼遗迹

成为中国建筑中一道奇异的风景。乾隆十二年（1747 年），何国宗为圆明园造西洋水法，园中喷泉的机械装置，是在精通数学和水力学的法国人蒋友仁（P. Michael Benoist）的帮助下建成的，当时成为中国的一大奇观，但是蒋友仁死后，他的水力机械在中国人的手里就不能正常运转了，最后不得不改用人工供水。每当皇帝要看西洋楼，他们就得花几天的工夫灌满巨大的储水池。中国人对欧洲人以科技同自然抗争表示惊讶，但他们看不起这些东西，视之为一种游戏，一种奇技淫巧，不屑一顾。而不是把它当成自然的一般规律，当成一种知识去学习、去吸收。所以当这些希奇古怪的发明者死后，就没有人能使用这些机械了。所以西方建筑的引进并没有带来中国传统建筑的变革，其原因正如候幼彬先生所认为的，中国传统的道器观念[19]，使中国建筑师把圆明园的水法只当成是一种奇特的装置，而没有把它当成先进的科技，这样中国就错失了学习的机会，错过中国建筑变革的时机。

与中国的情况相比，西方在学习中国传统建筑方面，显得更科学一些，学习的结果是产生了具有相当影响力的新风格。尽管他们在理解中国建筑的时候，不免带有自己特有的文化场，产生文化误读现象[20]，不过还是促进了建筑的新发展（图 6—5）。入华的传教士对自然风格的中国园林倍加赞赏。早在 1655 年，荷兰东印度公司的杨·纽霍夫（Jan Nieuhof）访华后，提出并刊行了有关报告并附有插图，使西方人能形象地感受到中国园林及建筑装饰的趣味。1750 年左右，一本《中国风的农家建筑》受到注意后再度出版。英国王室建筑师钱伯斯（William Chambers）对欧洲的中国风园林倾向起到了推波助澜的重要作用。1757 年，钱伯斯出版了《中国建筑、家具、服装、机械和器皿的图案设计》，1772 年又出版了《东方园林论》，系统地将中国园林介绍到英国，并设计建造了中国风格的小建筑。1774 年，法国建筑师勒鲁治（Le Rouge Gerorges Louis d. c）出版了《英仿华庭院》，书中绘出了许多中国式园亭、桥、塔的式样。当时的法国人将带有异国情调的庭园统称为“英仿华庭园”。就连“凡尔赛”宫的各种家具和工艺品也多半来自中国，建筑装饰细部无不以模仿中国式的山水和卷纹花草为基本式样。在意大利，某些洛可可风格的装饰图案还被称为“耶稣会式样”，直接说明了与入华耶稣会传教士之间的关系[21]。

图 6—5　钱伯斯在邱园中建造的中国塔

东西方思维方式不同，对待建筑的观念不同，使东西方的传统建筑相遇时，出现了不同的结果。在中国是几幢昙花一现的洋式建筑，在西方则是一个建筑新风格的产生。

二、接受与抵抗

鸦片战争以来，中国的大门被西方列强的坚船利炮轰开，西方人以不可一世的征服者的姿态出现，强制推行西洋建筑。中国人则以为只要学到了西洋的建筑形式，就可以学到他们的富强，所以这一时期的建筑以模仿或照搬西洋建筑样式为特征的潮流居于主导地位，被清华大学教授张复合先生称之为“洋风”时期[22]。

自中国开埠以来，外国租界所展示的工业文明成果，使中国人将建筑技术与建筑形式混淆起来，以为移植西方建筑形式就是建筑现代化。中国人对待西方建筑的态度转变了，开始把它当作现代化的时代的象征，受到许多中国人的推崇。当时的中国各大都会城市都兴起了建洋楼的新潮，送葬死人的冥屋也改用纸扎的洋房了[23]。随着欧风渐盛，舆论大变，国人崇洋，对西方建筑已是一片溢美之词，林则徐在日记中写到：“（澳门）夷人好治宅，重楼叠居，多至三层，绣闼绿窗，望如金碧。”甚至有人说：“比之华民住屋，真有天堂地狱之分。”至于出洋之人，更是对西方建筑大加赞赏，“画栋雕梁，齐云落日”，街道也是“道阔人稠，男女拥挤，路灯灿烂，星月无光，煌煌然宛一火城也。朝朝佳节，夜夜元宵，令人赞赏不置”[24]。

崇洋的中国人助长了西方人的狂妄自大。西方政客和商人开始毫无顾忌地将西方的各种建筑形式引入中国（图6－6）。传教士们普遍地抱着西方本位主义的文化优越感，建起了西方中世纪式样的教堂。引入的西方其他建筑形式被中国人广泛地接受下来，惟有教堂建筑遇到了麻烦。其他的西方建筑形式更多地表现出工业文明的技术成果，是中国人向往的也是可以接受的，而教堂建筑则显示出西方文化观念对中国传统文化的侵蚀，引起了国人的强烈不满。鸦片战争之后，因传教引起的大小教案共达400多起，大部分发生在19世纪的后30年，在1900年的庚子教案中，仅天主教堂就损失3/4左右，仅据北京的统计，被焚毁的教堂18所，男学堂12所，女学堂11所，传道学堂4所[25]。

民众对教会的普遍抵抗，迫使传教活动采用了尊重中国传统文化的策略，力求得到中国民众的认同和好感。有个名叫巴多明（Parennin）的神父说：“为了赢得他们的注意，则必须在他们的思想中获得信任，通过他们大都不懂并以非常好奇的心情钻研的自然事物的知识而博得他们的尊重，再没有比这种办法更容易使他们倾向理解我们的基督教神圣真诠了”[26]。因此创造新建筑的早期尝试是由传教士零散地进行的，多是将中国古典建筑的某些局部加以在西式建筑体量上作为装饰构件，模仿的部位与手法亦无定势，反映出西方建筑形态对中国传统古典建筑文化的一种妥协（图6－7）。

1923年传教士刚恒毅（Celso Costantini）到任不久就至函教皇庇护十一世（Pius. Ⅺ），对西方教会过于热衷在华建哥特式教堂提出批评。他认为：“每一民族都有她特殊而定型的特质，并且这些特质借着她历史性的建树，通过民间与社会的艺术品，可以充分表现出来，各种不同艺术特征都是基于文化、习俗、兴趣、历史与宗教的史绩、建筑用材、气候、地势等等不同因素。将欧洲的形式，无论是罗马式或哥特式，加诸中国均属错误。”这一观点得到许多传教士的赞同，比利时传教士格里森（Dom Adelbert Gresnigt O. S. B）写到：“一个不容置疑的事实是，中国建筑是中国人思想感情的具体表现方式，寄托了他们的愿望，包涵着他们民族的历史和传统。与其他民族的文化一

图 6—6　各种形式的西洋建筑

图 6—7　中西建筑结合的尝试

样，中国人也在他们的艺术中表现出本民族的特征和理想，中国建筑在反映中国民族精神的特征和创造力方面并不亚于他们的文学成就，这是显示中国民族精神的一种无声语言。”刚恒毅还是一个具有较高建筑艺术修养的传教士，他反对盲目照办中国古典建筑形式，指出“吾人当钻研中国建筑术的精髓，使之天主教化，而产生新面目，绝不是抄袭庙宇的形式或拼凑些不伦不类的中国元素而已，乃是要学习中国建筑与美术的精华，用以表现天主教的思想”。所以他在辅仁大学新校舍设计中提出的设想是：“建筑方案应体现天主教的‘大公精神’，作到新旧融合，宜采取中国传统建筑形式并使其适应现代学校的功能要求”[27]。

西方传教士在建筑中的这些探索，毕竟有其“收买人心”的目的，不可能真正理解中国建筑的深刻内涵，其探索只能是表面的和形式上的。不过也在客观上开始了一种中西建筑融合的有益尝试。

三、探索与创新

时至20世纪二三十年代，中国近代建筑教育兴办，中国建筑事务所陆续开业，中国建筑师逐渐成长，建筑活动兴盛，中国建筑团体先后成立，学术活动得以开展。基于这些特点，张复合先生把这一时期称为中国近代建筑历史上的“自立”时期[28]。

鸦片战争的失败和国运的衰退，促使忧国忧民的中国知识分子积极寻求救亡救国之路。他们怀着强烈的使命感和责任感，走出国门，先是留日热，再是留美热，后是留法热，留学热潮一浪高过一浪。法国资产阶级政治家、军事家拿破仑（Napoléon Bonaparte）曾经说过：“当中国动起来的时候，它将震动全世界”[29]。学成归国的中国建筑师成为中国建筑界重要的新生力量，他们以对祖国的深切热爱，以对中国传统建筑的深厚感情，加之从国外所学的先进知识，积极投身于祖国的建筑事业，创作出许多像南京中山陵那样的优秀建筑。这些建筑是传统与现代的结合，是中西方建筑的结合，中国建筑从此走上了现代化的探索之路（图6—8）。

应当特别注意的是，近代是中国历史上一段特殊的时期，“政治上的是非和感情上的义愤，妨碍人们对西方文化的价值作出冷静的科学判断。政治上不平等、文化上不对等的屈辱地位，加深了中国和西方国家之间的民族隔阂和仇恨的鸿沟，强烈的民族尊严在古代狭隘的爱国主义观念的刺激驱使下，扭曲成一种畸形的变态心理，倍加顽固地排斥一切外来文化”[30]。在这样的心理状态下，振兴祖国的信念决定着中国建筑师的价值取向和审美取向，使他们沉浸“中道西器”、“中体西用”或“中国本位”的争辩中，近代建筑的新功能、新技术、新体量不得不枷锁于传统的固有形式的外框里。中西建筑文化交融这个堂堂正正的大题、正题，被错换成了近代新建筑如何保存所谓“国粹”，如何体现“中国精神”、“中国色彩”，如何与固有形式协调的小题、偏题。实质上恰恰阻滞了中西建筑文化的健康融合。创刊于1931年的《中国建筑》，在发刊词中就明确地提出：“融合东西建筑之特长，以发扬吾国建筑固有之色彩。”同年成立的上海市建筑协会，其创办的《建筑月刊》创刊号上，也明确指出：“今后建筑物的趋向，应采纳西方建筑之长，保存我东方所

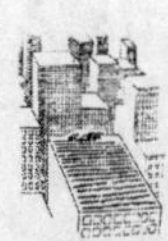

固有的建筑色彩，以创造新的建筑形式”。这些探索当然是有益的，并且产生了许多优秀的建筑师和建筑作品（图 6—9）。然而却使我们在接受西方建筑的时候难以保持客观、冷静的心态，只愿意承认其技术的先进性，只愿意接受其形式的简洁性，却对其深刻的思想革命性视而不见，从而推延了中国接受现代建筑的时刻表[9]。

图 6—8　探索中西建筑结合之路

图 6—9　中国固有形式的探索

实际上，中国在推翻了封建王朝以后，建筑所面临的问题同西方工业革命以后面临的问题是相似的。首先，必须改变传统的思维方式，建筑再不是为少数人服务的工具，新时代的建筑必须面向大众；其次，面向大众的新建筑必须是适用的、经济的，能够适合工业生产的；再次，适合工业生产的建筑应当抛弃旧式样，因为那是手工劳动的产品。新建筑必须是简洁的，标准化的，适合工业生产的；最后，新建筑必须有新的美学观来支持，中国传统的大屋顶和西方传统的山花柱式，无论曾经多么精美，都不符合新时代的美学观。新时代的建筑应当如机器那样精确、严格和富有理性。由于西方率先开始工业革命，所以最先遇到新时代与传统的矛盾，也最先去努力解决这些矛盾。现代主义建筑为此做出了正确的解答，成为全世界共同的典范。

第三节　西方中心主义与建筑的趋同现象

时代赋予我们建筑师共同的历史使命，需要我们认识时代，正视问题，整体思考，协调行动。

——吴良镛《建筑学的未来》

所有的人都有同样的机体、同样的功能。所有的人都有同样的需要。

——勒·柯布西耶《走向新建筑》

一、科技的作用与建筑的趋同

科学革命是西方文明的产物，其他民族和地区也有科学，但只有在西方国家，科学才成为一般社会的组成部分。西方传统文化中那种对事物不断分化、分析的特点，是科学技术发展的重要前提。科技的发展增强了人们认识自然，改造自然的决心和信心，又反过来推动科技的发展。随着 18 世纪蒸汽机的发明，西方人对科学的信仰达到了高潮，其原因正如美国历史学家斯塔夫里阿诺斯（L. S. Stavrianos）所说：

> 蒸汽机的历史意义，无论怎样夸大也不为过。它提供了治理和利用热能、为机械供给推动力的手段。因而，它结束了人类对畜力、风力和水力的由来已久的依赖。这时，一个巨大的新能源已为人类所获得。也就是说，西欧和北美洲每人可得到的能量分别为亚洲每人的 11.5 倍和 29 倍。这些数字的意义在一个经济力量和军事力量直接依赖所能获得的能源的世界中是很明显的。实际上，可以说，19 世纪欧洲对世界的支配与其说是以其他任何一种手段或力量为基础，不如说是以蒸汽机为基础[22]。

科学和理性成为这一时期西方人坚定不移的信念。他们把科学带到世界每一个可能的地方，渗透到每一个可能的领域，包括建筑。在科技的支持下，国际间的贸易、投资和金融资本的流动迅速增加，消费者们所购买的外国货日益增多，麦当劳、牛仔裤遍及世界各地，越来越多的公司跨国经营，家家都有一台可以联通全球的电脑，“因特网的力量最终

表现在它让整个世界都像北美人一样去思考、去写”[33]……市场、销售和生产技术已经打破国际的界限，全球经济一体化已是大势所趋。在这种形势下，建筑材料和设备可以跨国供应，资料信息可以全球共享，最新的科技成果可以迅速推广……这样，建筑被当成一种产品时，其趋同就是必然的了。应当注意的是，建筑并不仅仅是物质的产品，还是人类精神和民族文化的体现。因此，在当前各国家、各民族文化日益受到尊重的时候，文化的多样性一定会带来建筑的多元化。现代科技并不必然导致建筑的趋同性，只是可以有更多的可能和机会使建筑走向趋同。这主要看我们如何运用科技及其成果。

第一，先进的科技使建筑可以摆脱物质的羁绊。过去的建筑不得不考虑日照、通风及采光等问题，因此与建筑所处环境有着不可分割的关系。但现代建筑可以在先进的设备支持下忽略这些问题，如建筑可以超越所在环境和地域的限制，无论春夏秋冬，建筑内部可以保持自己希望的温度和湿度，无论何时何地，钢筋混凝土可以出现在世界的任何一个角落，尽管这不符合可持续发展的观念。现代的运输设施使所谓“因地制宜”也在实践中失去了原有的必要性，意大利的花岗石、美国的盥洗设备、法国的装饰材料等产品，都可以到达世界任何一个地方，因此，任何地方的建筑都可以模仿另一地方的建筑而在技术上不会有什么问题，尽管这样并不经济合理。

第二，先进的科技使信息的传播更加便捷。世界上任何一处的建筑都真正成为世界性的了。当一座房屋建成之时，有关的平、立、剖面及详图都可以在最短的时间内传遍全球。如果愿意，另一座同样的建筑可以毫不费力地在异地建成，或者可以根据自己的喜好从几座建筑中抽取某些构成要素重新进行排列，组合成一座新的建筑，这也使各地间的相互模仿和组合成为可能。

第三，科学研究再一次证明了人之共性的存在。1888 年，生物学家提出“染色体”概念，断定一切生物——无论是动物还是植物的细胞都有共同的、简单的、有限的基本结构；1890 年弗雷泽（James George Frazer）出版《金枝（The Golden Bough）》前两卷，证明人类——无论是西方人还是东方人，无论是文明人还是野蛮人——都有基本类似的心理结构。既然如此复杂的人类都有共同的基本结构，那么，通过最简单的元素结构也应当能够表现无限丰富的世界。这一观念深刻影响着许多现代派艺术家，成为他们在艺术上的共同追求。对建筑数量和速度的需求，也为这种建筑理论的实践提供机会。并且在这样的情况下，建筑也只能考虑人类最基本的共同问题，这就在客观上使现代主义建筑的探索更具普遍性，为世界各地所效仿。

第四，现代建筑技术的进步，使建筑本身就能以一种高度的精确性和严谨的理性而获得魅力。法国美学家苏里奥（Paul Sourian）在其 1904 年发表的《合理美》一书中说：“机器是我们艺术的一种奇妙产品，人们始终没有对它的美给予正确的评价。一台机车、一辆汽车、一条轮船，直到飞行器，这是人的天才在发展。在唯美主义者们蔑视的这堆沉重的大块、自然力的明显成就里，与大师们的一幅画或一座雕像相比，有着同样的思想、智慧、合目的性，一言以蔽之，即真正的艺术”[34]。法国建筑师勒·柯布西耶（Le corbusier）把这一思想几乎原封不动地转译到建筑界。在《走向新建筑》中，他对轮船、飞机和汽车等工业产品大加赞赏，并以此为基础建立了他的机器美学。德国

建筑师密斯·凡·德·罗（Mies Vander Rohe）也说："技术远不止是一种手段，它本身就别有天地"，"当技术实现了它的真正使命，它就升华为建筑艺术。"[㉟]从而在理论上把建筑的技术和艺术统一起来，并把技术的手段性转化为目的性，为专注于建筑技术的研究提供了依据，促成了轰动一时的建筑流派——高技派（图6—10）。高技派以现代工业为基础，以其不受或少受地域限制的特征，使全球建筑趋同的现象引人注目。

图6—10 高技派建筑

第五，科技的进步为人类增添自信，也满足了人类狂妄自大和自以为是的心理。高层建筑在满足人类的虚荣心方面是无与伦比的，因此成为各国和各大企业显示实力的手段。高层建筑既是城市地价昂贵、人口增长的结果，更是人类表现自我的结果。"建筑作品以可视形态体现了人类自豪感、人类对万有引力的制伏，和人类的权力意志。建筑用形体宣叙了人的权力"[㊱]。但在高层建筑中的人是怎样的呢？据德国《星》画报中一篇题为"世界最高的摩天地狱"的文章介绍：纽约世界贸易中心的双塔"装有108部载客电梯，其中包括23部时速30km的高速直通电梯……一到了下班时间，这双巨塔就变成了真正的疯人院，尽管许多公司都有着不同的工作时间，有些人在下班之后还得花上整整一个小时才能够离开他们高耸入云的工作地点"（图6—11）。

图6—11 高层建筑的感觉

高层建筑的弊端是有限的，但人类好大喜功

的虚荣却没有停止。各地争高比胜的心理还远没有得到抑制，争建世界最高、亚洲最高建筑的热潮一浪高过一浪（图 6－12）。据说香港期望能在亚洲建造高楼竞赛中夺冠，拟建一幢高 1883 英尺大厦的计划，使亚洲争相建造世界第一高楼的竞赛再度升温。尽管一些建筑还只是在设想中，但如果人类的这种虚荣不受到抑制，不必要的高层还会增多。有人说，如果没有豪华的材料、高大的形体和精致的质量，怎么能产生建筑的精美杰作呢？其实，应当看到，大量普通百姓的房子既朴实又真切，这些房子中所散发的是更为生动的魅力。近些年来，民间建筑的价值逐渐被人们所认识，其实它们更少人为的虚饰和矫情，更能反映建筑的真谛，这些建筑才是人间最有光彩的精品。柯布西耶早就提醒人们“必须远离虚荣，虚荣是建筑空虚浮华的原因”[37]。他从民居建筑中得到启发，发现灵感，并把它发展为新建筑创作的重要源泉[38]。

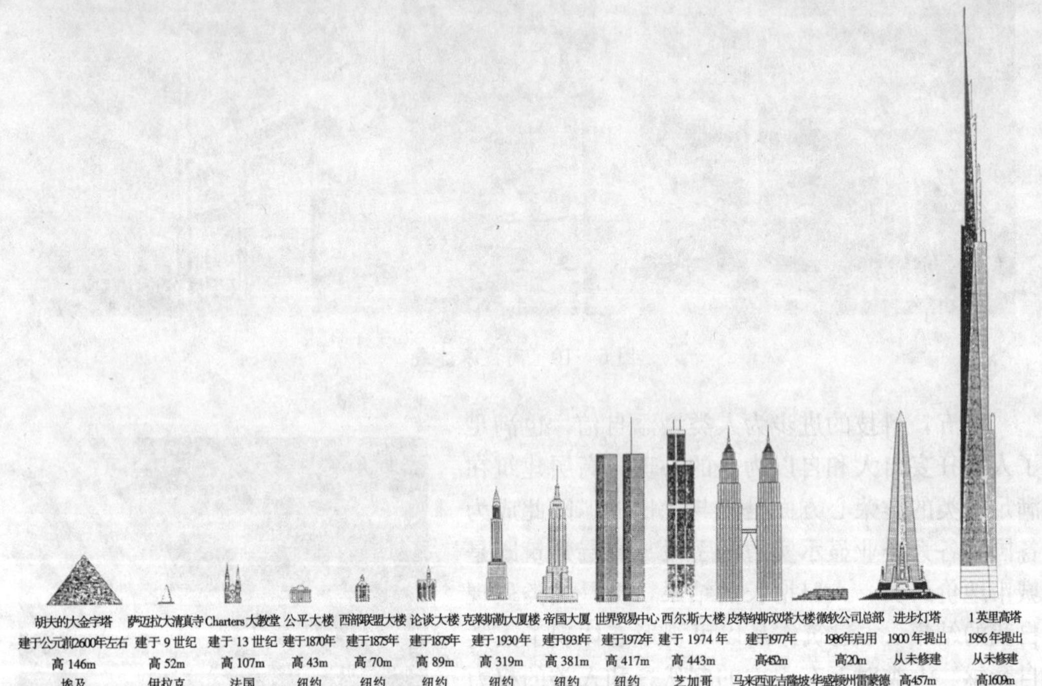

图 6—12　竟相比高的超高层建筑

第六，先进的科技具有一定的导向作用。其实，在一定时期内，总是各种思想杂呈，莫衷一是。但只有当一个有利于某种思想的时机到来时，这种思想才成为当时的主流，而其他的思想则遭受冷落。这就是为什么有些艺术家生前就享有盛誉，而有些却直到去世后才声名大振。事实上，与类比于机器的思想同时产生的另一重要思想，就是把建筑类比为生物。用我们今天注重环境的角度来看后者更具合理性，但是对环境的重视直到 20 世纪 60 年代以后才开始，在此之前，这种思想却在迎合主流思潮中减弱了固有的光泽。本来，生物与机器的最大不同，应当是它对环境的依存，所以把建筑比拟为生

物的思想，强调的应当是建筑与环境的共生关系，从而提出建筑的生态的观念，甚至可持续的观念。然而相反，这种比拟却被用来说明生物与机械的某些相似之处。笛卡尔就认为动物的躯体像一架机器，甚至法国动物学家居维埃（Georges Cuvier）的学生亨利·米尔恩·爱德华（Henri Milne Edwards）也说，他曾“对那些好像是人类工业创造的机器般的生物进行比较和研究，试图了解有机形式可能被创造出来的方式”[39]。可见，工业以其强大的能量在人们心中编织了一个神话，使整个世界沉浸在对工业和科技的狂欢和向往中，使许多人沉浸在这一神话中而对其他优势视而不见。当然也应当看到，就是在对机器的礼赞中，建筑完成了对传统的革命，摆脱了旧的羁绊之后，建筑就获得了新的生机。

第七，在科技的作用下，人们对建筑趋同的主观感受有所变化。首先，人口流动的作用，使建筑的趋同现象显得格外突出。随着现代交通工具的发展和人们生活水平的提高，无论是国际间的交流与合作，还是个人的外出旅游都日益增多。应当说，通过旅游或交流到异地的人们，可以亲身感受到建筑的相似性和差异性。但由于近距离旅行人数远远大于远距离的人数，所以不言而喻，人口流动的结果往往强化了建筑相似性的联想和印象；其次，传媒的宣传。现代传媒如照片、电视、电影等的出现，使异地间建筑的相似性被孤立地放大、并置而显得格外醒目[40]；最后，全球化市场经济的作用。“全球化”在经济领域里是一个时髦的口号，随着贸易、投资等金融资本在国际间流动的增加，国民经济正在稳步走向一体化，家家都有一台可以联通全球的电脑，越来越多的公司跨国经营，消费者们所购买的外国货日益增多，国际品牌的标准设计遍及世界各地，建筑上的广告牌也分不出国界……这一切都强化着人们对趋同的印象，建筑也常常淹没在这种趋同的海洋中，默默地充当着人们生活中不被关注的背景。

应当承认，不是现代科技本身造成了建筑的趋同或多元，而是我们如何运用科技的问题。事实上，在科学技术高度发达的今天，如何运用更高的理智使科学造福于人类，是人类未来必须解决的问题。正如英国哲学家怀特海所说：“当我们思考对于人类来说宗教和科学究竟是什么这个问题时，说历史的未来进程取决于我们这一代人怎样处理它们之间的关系，是毫不夸张的”[41]。

二、现代主义理论与建筑的趋同

现代主义建筑是20世纪二三十年代盛行起来的建筑流派。从总的原则来看，现代主义建筑有以下几项基本原则：一是把为普通而平常的人们造的建筑作为主导性建筑；二是用工业化方法建造；三是理性化、科学化；四是技术美学……这原则就是建筑学的科学化和民主化[42]。从具体的方法来看，现代主义建筑是时代的产物，是为解决时代提出的新问题而产生的。当时亟待解决的首要问题是大量普通住房的问题，过去那种精雕细刻的手工制品不能满足时代的需要，所以，只有走工业化的道路。工业的方法要求设计必须是合理的、科学的、简洁的，因此，必须为人们树立这样一种观念：符合工业的产品就是美的。现代主义建筑师们怀着崇高的社会责任心和探索真理的坚定信念，努力

创作新时代的新建筑。现代主义的目标决不是国际式，也决不是建筑的全球趋同。笔者通过分析说明现代主义建筑与建筑趋同的关系，并不是说现代主义建筑是建筑全球趋同的根源，因为现代主义精神所提倡的时代性、科学性和自律性始终是世界建筑应当坚持的基本原则。然而不能不承认，随着现代主义建筑的盛行，现代建筑的国际式风格就出现了。这与现代主义建筑理论和实践的探索有着必然的联系，是本书讨论建筑趋同问题不可回避的问题。

"国际式"这个词据说是由美国建筑师菲利浦·约翰逊（Philip Johnson）提出来的，他注意到1927年德国斯图加特（Stuttgart）举办的魏森霍夫（Weissenhof）现代住宅建筑展中的统一风格，认为这种风格将成为一种国际流行的建筑新风格，因此称之为"国际式"。现代主义国际式风格的发展主要是在二战之后，当时德国包豪斯（Bauhaus）的领导人基本都到达美国，并主持大部分重要的建筑学院领导工作，使包豪斯的思想和体系得以继续贯彻，这一思想就经由美国而影响全世界，到20世纪六七十年代达到高潮并开始衰退，不过直到今天现代主义建筑依然保持着它持久的影响力。

许多人认为，国际式风格的形成主要是人们盲目追随大师的结果。事情恐怕没有这么简单，比如说，现代建筑的基本理论本身是不是为国际式风格的产生创造条件？现代建筑追求的目标是不是具有普遍的适用性，以至于模仿的结果是实用经济？现代建筑的形式是不是简单得易于模仿等等。同时，现代主义恰逢西方中心主义盛行的时期，随着西方的殖民扩张，现代主义建筑也影响了全世界，从而形成一股强劲的国际风。

第一，从现代主义建筑产生的背景方面来看。尽管在时间上建筑滞后于政治、经济的发展，现代建筑还是随着工业的产生而兴起的，并且与西方中心主义的思想相伴随。20世纪上半叶，伴随着西方国家的殖民扩张，西方知识精英们也以救世主自居，把探索世界的普遍真理并把真理传遍全球当成自己义不容辞的责任。现代建筑的大师们也是如此，他们以极大的热情积极探索建筑新形式，举办新杂志，创办新学校，从而把新的思想传播开来。毫无疑问，西方现代主义建筑师们在面临建筑的新问题时，在对新材料，新技术普遍规律的研究方面，在解决建筑自身的新形式、新风格等方面都做出了有益的探索，走在其他各国建筑师的前面，为世界建筑的发展做出了积极贡献。同时正是由于现代建筑理论存在着普遍的适用性，在一定程度上解决了各地区普遍存在的问题，才使世界性的模仿之风成为可能，同时也使先进成果得以普及和推广。所以说现代建筑国际式的产生一方面是迫于西方文化强劲势头的压力，另一方面也是各地区、各民族自觉自愿的结果，甚至许多发展中国家都派出留学生到西方国家学习，并把自己学到的知识带回来用于自己的国家建设。事实上，经过现代主义建筑运动的洗礼，各国建筑师得以摆脱传统的束缚，为踏上探索建筑的现代化道路奠定了基础。

第二，从现代主义建筑理论方面来看。西方人那种渴望找到与牛顿定律相当的，具有普遍适用性法则的思想，与工业革命给人们带来的兴奋心情相结合，在建筑中最普遍的表现就是把建筑类比于机器。当面对建筑新形式、新材料和新技术等问题时，建筑师们就试图用工业的原则去寻找答案，并渴望找到一种像机器那样可以统治全世界的新原则。最典型的例子莫过于柯布西耶的名言"住房是居住的机器"，因为"所有的人都有

同样的机体、同样的功能。所有的人都有同样的需要"[43]。既然是机器，其普适性原则就大于地域性原则，因此建筑是"与功利动机无关的浓缩了的东西"[44]。这就使建筑脱离了它的生存环境，而成为一种游离的因子，为他的建筑放在世界的任何角落提供了理论上的可能性。甚至柯布西耶还用图说明现代建筑可以适合于任何环境，不论其地形是平整的或起伏的，也不论其周围建筑是古典式的或哥特式的（图6—13)。1923年6月26日，柯布西耶和奥赞芳（Amedée Ozentant）站在埃菲尔（Eiffel）铁塔上的气球吊篮里，穿着他们标准而无个性的服装，向世人显示：这就是工业的时代（图6—14)。柯布西耶用他雄辩的才能和有力的实践使他的理论受到广泛的关注和接纳，为建筑的国际式风格埋下了伏笔。

图6—13　现代建筑的普适性

第三，从现代主义建筑的实践方面来看。对真理的信赖和对理性的追求，产生了一批负有责任感的现代主义建筑师。他们以"先锋派"的角色出现，怀着拯救人类的决心，积极探索一种全新的建筑新形式。柯布西耶（Le Corbusier）甚至以毋庸置疑的口吻告诫人们"建筑，或者革命"，企图以建筑拯救世界，因此他一生坚持不懈地探索那种放之四海而皆准的真理。1924年柯布西耶在法国波尔多（Bordeaux）建造的现代住宅，运用工业为手段，并自称考虑了建筑的多样性和实用性，不过总体看来仍然是一个类似我们今天的标准化住宅小区（图6—15)。他还从音乐中受到启发，认识到比例是世间普遍的和永恒的真理，并发表了《模度》（The Modulor）一书。书中根据人体及其活动时的尺寸，详细规定了计算建筑比例和尺度的方法。可惜他的这番苦心并没有多少人理解。不过美国建筑师克里斯托弗·亚历山大（Christopher Alexander）的工作可以给他一些安慰。比起《模度》一书，亚历山大所著《建筑的永恒之道》和《建筑模式语言》则似乎更具普遍的适用性；德国建筑师格罗皮乌斯（Walter Gropius）是以另一种方式支持了这种思想，他提

图6—14　工业时代的梦

出的口号是“从零开始”，要求建筑师们放弃传统的束缚，努力创造新时代的新风格。这其实就意味着传统性在设计中地位的丧失，从而为异地间的模仿奠定了理论基础；密斯·凡·德·罗（Mies Vander Rohe）虽然所言不多，但他以自己的实践说明，比建筑功能更重要的是建筑的空间和技术，而这些都是不依赖于使用者和建筑所处环境的。他设计的巴塞罗那博览会德国馆（Barcelona Pavilion），以不同寻常的形式展示了建筑空间及其关系的最大可能性（图 6—16），为建筑空间的研究开拓了新思路，却也把建筑进一步推向纯形式的研究……经过不懈的努力，现代建筑师们在建筑理论和实践方面都取得了突出的成就，以至使人们相信，现代主义已经找到了建筑的真理。1950 年刚刚走出校门的詹姆士·斯特林（James stirling）说：“那时候做设计，从不参考 20 世纪以前的东西，那些日子我们相信现代主义能解决一切问题”[45]。在这种思想指导下，现代主义的建筑在全世界蔚然成风。

图 6—15　勒·柯布西耶设计的法国波尔多现代住宅

图 6—16　西班牙巴塞罗那博览会德国馆

第四，从西方传统文化对现代建筑的作用来看。我们知道，西方传统文化把建筑当成人类最重要的技艺，所以不断挖掘建筑新材料、新结构的最大潜能，不断探索建筑空间和形式的最大可能是西方历代建筑师不懈的追求（参见第五章）。古希腊人对建筑各

部分的比例和形式做过深入的研究。文艺复兴的建筑师们则把几何与数当成宇宙间永恒的要素。阿尔伯蒂（Leon Battista Alberti）说："宇宙永恒地运动着，在它的一切动作中贯穿着不变的类似。我们应该从音乐家那里借用和谐的关系的一切规则"[46]。时至1863年法国建筑师维奥莱特·勒·迪克（Eugène Viollet－le－Duc）还曾宣称："设计任务书的本质变化不大，因为在一个文明国家中的人们的需要是大体相同的"[47]。这不仅是以一种共性掩盖了各地不同的特点和要求，而且这句话还暗含了另外一层意思：就是说如果还能有什么别的需求，那也是由于某种文明程度低下的缘故。因为他们相信西方的形式是惟一先进的形式，西方的标准是惟一正确的标准，其他地区的传统和需求则根本无需考虑[48]。现代主义建筑的产生是西方建筑传统的继续，是在面临新的挑战下，是对西方标准的新探索，随着西方的全球扩张，现代主义建筑也传遍全球。

总之，现代主义建筑在世界建筑历史上具有重要作用。首先，现代建筑理论是西方传统理性精神在建筑中的表现。现代建筑师们从工业中受到启发并借助于工业的力量，摆脱了自然中纷繁复杂的表象和历史上杰出建筑的影响，从理论和实践中创立了机器美学理论，充分肯定了人工创造之美，在实践上则以简洁抽象的形式体现了人类更高的智慧和创造力[49]（图6－17），在世界建筑史上留下了重要的一笔，成为世界建筑师效仿的典范。现代建筑往往被认为是对传统的反叛，因为它不仅从理论上反对模仿传统，而且在实践中也努力摆脱传统的束缚，甚至包豪斯学校都不设建筑历史课程。但笔者认为正好相反，现代主义恰恰是西方传统文化的典型表现，它是西方理

图6－17　现代建筑的杰作

性至上精神的突出体现；其次，科学的自律性使掌握科学的知识分子成为游离于世俗之外的独立群体（图6－18)。现代建筑师从整体上以精英或者救世主身份高高在上，对建筑科学性的强调使现代建筑师们以自己拥有科学的知识而深感责任重大。他们积极探索建筑的真理，并执着地把自己的知识普及化，甚至强制普及化，使现代主义思想在全世界得以广泛推行。

图 6－18　建筑师的形象

三、全球的共同利益与建筑的趋同

“我们面临着多方面的挑战，这些问题既在整体上影响着人类的全局利益，也分别地影响着各国家、民族、地区的生存和发展”[50]。随着当代生产、金融、技术等的全球化趋势，使得人居环境日益成为“地球村”[51]，因此任何一个国家或民族的发展都不再是孤立的了，必须考虑到全球的共同利益。随着各类全球性的问题和相互联系的危机日益尖锐，引起了各国政府和社会公众的广泛关注。联合国环境规划署理事会在 1989 年 5 月通过“关于可持续发展的声明”，明确了“可持续发展”的思想[52]，这既是对全世界提出的要求也是全人类共同的需要。1990 年国际建协第 18 次会议，蒙特利尔宣言建议，所有国家的建筑师联合起来，呼吁各自的政府制定和实施一项国家性的建筑政策。这一政策强调应当以保护和改善建筑与自然环境质量为全国性的目标。1992 年联合国环境与发展会议《里约热内卢环境与发展宣言》号召：“各国应本着全球伙伴的精神，为保存、保护和恢复地球生态系统的健康和完整进行合作。”1999 年国际建协第 20 次会议的北京宪章，对建筑与环境问题更加关注。因此每一个国家或民族都不能只凭自己的喜好和需要进行建设，而必须遵循联合国的共同纲领性文件。这就强调了全球性统一的观念和共同依据，使全球建筑获得了某种内在的一致性。从这一点来说，建筑的全球趋同是必然的和肯定的。

首先，可持续发展的思想要求当代建筑必须尊重环境、加强生态意识。因此充分利

用自然资源的节能建筑、绿色建筑、生态建筑等成为当前全球建筑领域重要的研究课题(图6—19)。各国还都制定了相应的规范和标准[33]，使建筑的设计更加规范化、定量化。

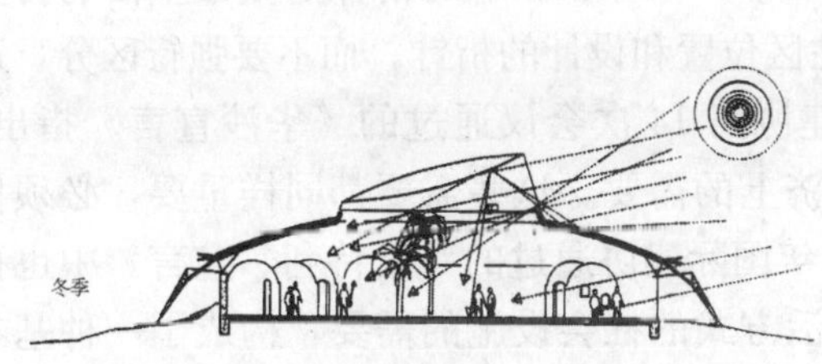

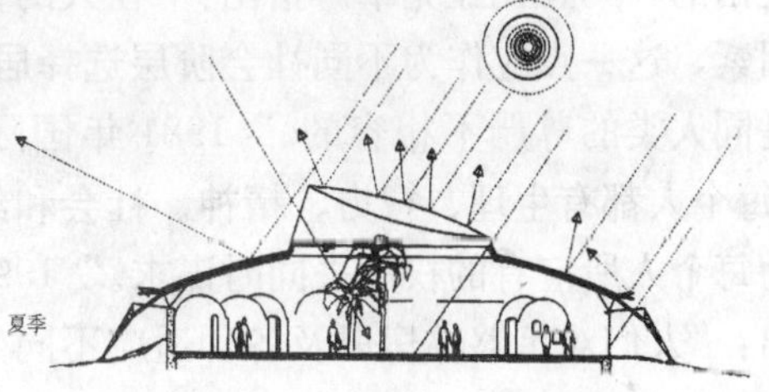

图6—19　建筑与环境关系的探索

其次，可持续发展的思想要求珍视民族传统和地域文化。1981 年国际建协第 14 次会议华沙宣言提出："建筑师应当保护和发展社会的遗产。为社会创造新的形式并保持文化发展的延续性。"1999 年《北京宪章》中也特别指出："文化积淀、存留于城市和建筑中，融会在人们的生活中，对城市的建造、市民的观念和行为起着无形的影响，是城市和建筑之魂"。因此，呼吁捍卫自己的文化，发挥自己的文化特色逐渐成为全球建筑师共同的追求目标（图 6－20）。

图 6－20　地方特色的探索

最后，可持续发展的思想要求尊重每一个个体，包括弱势群体。1977 年国际建协提出的《马丘比丘宪章》指出："在人的交往中，宽容和谅解的精神是城市生活的首要因素，这一点应作为不同社会阶层选择居住区位置和设计的指针，而不要强行区分，这是同人类的尊严不相容的。"1981 年国际建协第 14 次会议通过的《华沙宣言》指出："每个人都有生理、智力、精神、社会和经济上的需要。这些需要都同样重要，必须作为每个人所应有的权利去同时谋求。"1990 年国际建协通过的《蒙特利尔宣言》中也指出："人们对足够住房以及各种适应不同生活方式的社会设施的需要，构成了一种基本目标，这一目标必需在适当尊重个人的权利、习惯、传统以及自由的条件下实现。"虽然这些内容主要是指住房问题，但可以说明尊重和理解人的习惯和需要已经受到国际

关注。

社会的发展要求建筑学必须从全球整体发展的角度考虑问题，尊重环境、尊重文化遗产和尊重人。这不仅仅是一个国家或个人的事情，而是全球共同的问题。那种只考虑眼前利益和局部利益的做法是行不通的。在统一的国际性文件指导下，世界建筑必然具有内在的趋同性，但在这种统一的前提下，其结果却必然是多元的。

第四节　民族意识的觉醒与建筑的多元化

尽管随着交流的全球化，使世界统一在某些共同的基础之上，但各民族和国家并不是在空白的前提中相互影响和交流，几千年形成的传统不可能不左右着交流的内容和方向。交流越广泛，可选择性越多，但选择的结果就越取决于传统。实践证明，那种依靠技术力量而超越传统和客观环境之上的建筑，不但不能给人类带来舒适感，反而会造成生态破坏，威胁人类自身的生存。人们认识到，西方模式并不是永恒的真理，每一个民族只有依靠自己的力量，才能找到解决自身问题的独特办法。

一、民族传统与建筑的多元

世界各民族的文化在经历了漫长的积累和整合过程之后，形成了自己独特的文化体系，成为长期以来人们思想和行为的准则，深刻地影响着人们生活的方方面面。虽然全球化以浩大的声势冲击着传统，但传统却无时不在发挥着作用。

首先，传统具有一贯性。随着全球性交流的日益频繁，信息量的增多，世界各民族的发展越来越取决于自己的主观意愿。可选择性越多，人们就越可以按照需要来做出自己的选择[54]，人们总是把接受来的异文化在有意无意中加以变形，使之纳入自己习惯的框架中。从而使各民族的建筑具有某种内在的一贯性和连续性。就建筑来说，传统的一贯性一方面表现为建筑师的传统观念，另一方面可以通过建成环境对建筑创作造成影响。英国建筑师理查德·罗杰斯（Richard Rogers）设计的法国波尔多法学院，位于两街道的交叉拐角处，他的设计注意到两边不同的建筑，它们为设计者提供了一种确定性依据。在尊重传统的基础上，新建筑具有了两个全然不同的立面（图6－21）。此外，传统的一贯性还表现为使用者的需求方面。人们总是生活在传统与现代交织的环境之中，没有人可以完全脱离传统而生活在真空之中，因此他们的生活和观念无不打上传统的烙印。使用者对建筑的需求和评价具有历史的延续性，他们往往是传统文化的代言人。反映人们生活的新建筑自然就应当既是时代的产物，也是传统的延续。

其次，传统具有导向性。当遇到异文化时，传统就显示出强大的影响力，左右着人们对异文化的态度。日本畅销书作家、脑科学专家养老孟司先生在《傻瓜的围墙》中指出，人们在面对自己不想知道的事情时，会主动隔断信息。很多人的头脑中都存在着一堵无形的高墙，他称之为“傻瓜的墙”。这堵无形的高墙如同一个过滤的筛子一样，决

定着人们选择什么，放弃什么。这个筛子其实就是传统，传统通过有选择的吸收和扬弃，保证了一个民族和地区基本一贯的发展脉络，以及对待异文化时人们总体一致的倾向和态度。传统的导向作用使得一种文化在与异文化相遇时，除非是在被迫的情况下，受传统影响，一个民族将从外来文化中吸收什么，往往取决于他有什么样的需要[55]。哥特建筑选择伊斯兰建筑中的尖拱、尖券是出于他们对建筑向上感的需要；18 世纪的法国从中国艺术中汲取他们的需要形成洛可可风格，而与此同时英国则对中国的园林情有独钟，是因为它有利于表达他们的浪漫主义情怀；佛教建筑能在中国生根是因为它适应了中国文化的土壤……

图 6—21　理查德·罗杰斯设计的法国波尔多法学院

应当说明，我们强调传统在建筑创作中的作用，并不意味着传统与创新是对立的，也并不意味着传统是不可更动的，是固定不变的。相反，传统是在不断发展和完善的，并且常常是在同异文化的交流和冲撞中不断发展和完善自己。那种追求所谓传统的纯净性既是不可能的也是不利于社会发展的。正如美国历史学家斯塔夫里阿诺斯所说：

> 人类的历史证明，文化的进步取决于提供给某个社会群体的向其邻近群体学习经验的机会。该群体的发现会传播给其他群体，且这种交往越多，学习的机会就越大。文化最简单的部落基本上是那些与世隔绝较长时期的、因而无法从其邻近部落的文化成就中得益的部落……换句话说，人类发展水平不同的关键是易接近的程度。那些最有机会与其他民族相互影响的民族是最有可能处于领先的地位[56]。

可见，保持传统与学习异文化并不矛盾。甚至，只有不断学习先进民族的经验，才能使传统在发展中始终保持其先进性。因此，传统的作用并不是固守过去，而是在有选择的吸收中充实自己，形成更为鲜明的个性。

最后，在国际建协的倡导下，尊重传统文化和地方习俗成为广大建筑师关注的重要课题，这必将带来全球建筑的多元化发展。

二、地域特点与建筑的多元

传统文化可以跨越地域的界限，影响建筑的发生和发展；先进的科技也可以使建筑超越所处条件的制约，然而在可持续发展理念指导下的建筑是尊重生态的建筑，也是尊

重当地生活和历史的建筑。因此，当人类认识到可持续发展的重要意义时，建筑就可以避免对环境的破坏，就会表现出对地域环境的尊重和对历史建筑的珍视。

首先，可持续性发展理念的提出，是当代建筑的走向多元化发展的基础。1987年，联合国世界环境与发展委员会在《我们共同的未来》中提出可持续发展的概念，是“既满足当代人的需求，又不损害后代人满足其需求能力的发展”[57]。可持续发展的概念，在建筑中就是要尊重当地的自然环境，充分利用当地的自然资源和再生能源，这样的建筑一定是深深植根于当地的建筑，反映地方特色的建筑。如何在尊重地域特点和创造新建筑之间找到契合点，如何创作出既有时代感又体现可持续发展理念的建筑，是许多建筑师努力的目标，这些努力将为世界建筑的多元发展做出贡献。

其次，尊重历史建筑就是对地域文化的尊重。一个地区的历史总是独特的，其相应的建筑也是独特的，对这些建筑的尊重和珍视，就保证了这一地区独特的风格。1964年联合国教科文组织通过的《威尼斯宪章》就扩大了文物古迹的概念：“不仅包括单个建筑物，而且包括能够从中找出一种独特的文明，一种有意义的发展或一个历史事件见证的城市或乡村环境。这不仅包括伟大的艺术作品，而且亦适用于随时光流逝而获得文化意义的过去一些较为朴实的艺术品”。1987年的《华盛顿宪章》也明确提出“……文化财产无论其等级多低，均构成人类的记忆。”这种建筑保护的概念，就不仅仅是对一个文物建筑单体的保护，而是扩大到对整个城市或地区的整体保护。这就使建筑的地域风格得以完整地保护下来，它们的存在使世界建筑的历史更加丰富多彩。

最后，地方特色并不仅仅是物质的层面，还应当包括精神的层面。现在人们开始认识到，保护具有浓郁地方特色的典型社会环境和历史文化传统，保护和发掘城市精神文明方面的更广泛内容具有重要意义[58]。的确，地方特色应当是一个综合的概念，它不仅是有特色的建筑，更是有特色的生活。因此对民间习俗、传统工艺等精神层面的保护，可以使地方特色更加鲜明、生动。

三、新的探索

英国建筑理论家彼得·柯林斯（Peter Collins）说：“没有任何形式或材料是仅限于它们最流行的时期以内的”[59]。事实的确如此，20世纪上半叶，在对工业的礼赞声中，一些建筑师却在默默地做自己的事：西班牙建筑师高迪（Antoino Gaudi），坚持不懈地做着他那希奇古怪的塑性建筑，在当时并没有引起人们过多的注意；被称为现代主义建筑师的弗兰克·劳埃德·赖特（Frank Lloyd Wright）也与其他的现代主义建筑师不同。他并不赞赏工业，而是利用现代工业的技术实现他的建筑理想。他所追求的不是工业的标准化和通用性，而是建筑与地域环境的独特关系以及各种建筑材料的独特魅力；芬兰建筑师阿尔瓦·阿尔托（Alvar Aalto）没有迷失在对工业的欢呼声中，而是努力探索现代技术与地方性和人情味之间的契合点，利用现代技术的优越性，体现对人细致入微的关怀。他们的建筑虽不代表当时的主流，但时至20世纪后半叶，他们迎来了自己的时机，成为人们关注的对象。柯布西耶则在晚期适时地转变方向，开始关注建筑与

特定环境的和谐关系，再一次赢得了世界性的荣誉（图6—22）。

图 6—22　勒·柯布西耶设计的郎香教堂鸟瞰

二战结束以后，西方再也恢复不了往日的霸权，各民族国家意识到自己也应当具有平等、独立的权利。人们不再相信任何神话，西方标准不再是惟一标准，无论是科学、理性或工业都不再是永恒的真理。人们也不再乐于使自己的生活去适应机器转动的节奏；随着经济的复苏，西方国家的国民收入迅速提高，如前西德国民收入在 50 年内（1930～1980）增加了 17 倍，住宅总数超过家庭总数。英国经济学家凯因斯（John Maynard Keynes）说："人类自诞生以来现在第一次面对他的真正问题——如何利用不受紧迫的经济担忧之苦，如何度过闲暇"。于是，再也不会出现像现代主义建筑那样轰轰烈烈的全球大潮了，过去那种全球统一的做法，为建筑师多种多样的探索所取代。有的建筑师从过去的建筑中寻找灵感，他们从戈地、孟德尔松（Eric Mendelsohn）那里受到启发，强调设计者的主观感受，表现个人对世界的感受和理解。如日本建筑师矶崎新（Arata Isozaki）就总结说："建筑必须从个人开始。而个人主义是建筑的最终源泉"[60]（图 6—23）；还有的建筑师热衷于建筑本体的研究，而忽视或故意打破传统的建筑功能。如美国建筑师彼得·埃森曼（Peter Eisenman）说"建筑的真正主题

图 6—23　戈地设计的巴塞罗那巴特罗公寓和矶崎新设计的日本富士乡村俱乐部

只是建筑自身"[61]，他设计的美国康涅狄格州（Connecticut）六号住宅（House 6），使主入口靠近厨房，主卧室中间有一条玻璃覆盖的缝隙而迫使主人夫妇的床必须分开，餐厅的柱子恰恰在餐桌旁而影响椅子的布置等（图 6—24）。他认为对建筑本体的构图研究比满足传统的功能更重要。有的建筑师则走到现代主义的另一端，强调非理性和不确定性。如美国建筑师文丘里（Robert Venturi）在《建筑的复杂性和矛盾性》中就庄严宣告："我喜欢基本要素混杂而不要'纯粹'，折衷而不要'干净'，扭曲而不要'直率'，含糊而不要'分明'，既反常又无个性，既恼人又'有趣'，宁要平凡的也不要'造作的'，宁可迁就也不要排斥，宁可过多也不要简单，既要旧的也要创新，宁可不一

致和不肯定也不要直接的和明确的。我主张杂乱而有活力胜过明显的统一。我同意不根据前提的推理并赞成二元论”[62]。从而根本上否定了传统形式美的原则，也从根本上解放了思想，却也使建筑设计失去了原有的理性依据，使表现怪诞、平庸甚至颠倒的形式取得了合法性，随之而来的建筑形式便五花八门、各尽其妙（图 6－25）……一时流派纷呈，莫衷一是。

图 6－24　彼得·艾森曼设计的美国康涅狄格州的六号住宅

图 6－25　五花八门的建筑形式

为什么当代建筑的发展会如此无所适从，左右难办呢？对于这个问题，许多研究者认为主要是由于国际间频繁的交流，使人们面对各种各样的理论和作品不知所措，这肯定是不错的。此外，笔者想从以下三个方面来谈：

第一个方面是从人类历史的发展情况来谈。可以说，工业是人类有史以来最重要的大变化，因为它把人们从传统的手工劳动中解放出来，从根本上改变了人们千百年来的几乎相同的生存方式[63]。因此毫不奇怪，人们在兴奋和赞美之余，一切以工业为准绳，对人类的理性予以极端夸大从而导致偏激和顾此失彼。西方以其科学技术上的先进性，成为世界的榜样，又使这种偏激被放大和强化，使人们相信世间存在着永恒的真理，那就是理性的原则。但是，工业的理性并没有给人们带来梦想的欢乐，相反它所引起的人类无限膨胀的欲望把人类导向了战争的深渊，它对人类生存环境的破坏也令人触目惊心……所以当人们空前的热望被空前地扫荡干净时，就从一个极端走向另一个极端：非理性的，不确定的，潜意识的等等法则蜂拥而至[64]。事实上，人们再也不相信任何真理，无论是理性或非理性，西方的或东方的，因此怀疑一切而无所适从。

第二个方面是从西方传统文化的发展轨迹来谈。我们说，在西方传统观念中，建筑是人类最重要的技艺。在西方建筑历史上不断有新的奇迹发生，体现了人类对世界的新认识和新发展。工业是人类历史上最大的发展和突破，因此建筑中运用工业的理性，赞美工业的完美是西方传统观念的延续。所不同的是，建筑所赞美的工业受到了人们无情的批判，而表现工业的建筑所形成的千篇一律和冰冷的面孔也使人厌倦，因此现代主义理论随着工业在人们心目中地位的降低而衰落了。当然，现代主义理论所提倡的理性原则和对建筑的许多探索并没有消失，并一直影响着当代建筑的发展。并且工业虽不是人们当初梦想的那样完美但也不是罪大恶极。随着社会的发展，人们对现代建筑和工业都能够有一个公正、冷静的评价。关键的问题是，现代主义建筑之后，建筑作为“体现人类最高技艺”这一西方传统观念受到动摇，从而失去了原有的设计依据。于是，20 世纪的六七十年代，各种思想、流派不断涌现，建筑师站在多叉的路口，不知所措（图 6—26）。西方由于在世界建筑上明显的主导地位，就使西方建筑师的这种不知所措传遍了全世界。

图 6—26　《何去何从》

第三个方面是从建筑自身的发展轨迹来谈。由于科技的进步，建筑从理论上可以脱离自然环境、传统观念的制约，建成人们希望的差不多任何形式。而这种“自由”带来了空前的困惑。面对信息屏幕前无数的可选择性，建筑师由过去的挣脱束缚转而为寻找依据，设定控制点。每个人都找自己的“说法”，从而众说纷纭，莫衷一是，不可能再像过去那样达成比较统一的思想。人们开始“承认世界没有什么是永恒，只有不断演变的事物，因而敢于开拓新的思想，不断调整自己对主观、客观的认识，从追求稳定到适应变化，从追求单一到适应多元，从追求绝对到适应相对。总之是彻底改变旧观念以求内在地适应这个本来就不确定的世界”[65]。

在这种种的探索中，一些建筑师始终保持着现代主义的责任心和自律性，认真地思考建筑与传统的关系，建筑与人的关系等问题，为建筑的发展做了有益的尝试。

意大利建筑师阿尔多·罗西（Aldo Rossi）运用类型学的方法，在建筑自身中寻找“变”与“不变”的因素，从过去的建筑中挖掘“不变”的形式逻辑，作为设计的理性基础，结合人们新的生活需要和时代性特征以及自己的创作风格，创造出既有历史意义和时代特征，又具个人风格的新建筑。他设计的荷兰 Bonnefanten 博物馆，从当地工业建筑中发现灵感，寻找他们之间的相互关系，形成具有历史连续性和地方性的建筑（图 6－27）；西班牙建筑师拉菲尔·莫涅奥（Jose Rafael Moneo）受罗西的影响，注重设计的历史韵味，反对与城市文脉相脱节的设计，他的建筑显得庄重、典雅。他在西班牙国家罗马艺术博物馆中运用生动变化的砖墙质感，与馆中古罗马展品的大理石纹理取得一种语言上的传承，他甚至忠实引用了古罗马时期的砖石与混凝土的建造技术，以表达对那段帝国历史的尊重（图 6－28）[⑯]；在“国际式”席卷全球的时候，瑞士的提契诺学派（Ticino）却在默默地尝试现代主义原则与地方传统结合的方法。他们重新定义建筑形体和空间的概念，设法从概念上把实体和空间分离出来，从而使实体的设计获得自由，空间的形式也变得更加丰富。但这种自由并没有导致设计的随心所欲。他们用传统和环境约束自己，其作品显得严谨而不失新意，传统而不失时代感；今天，奥地利的福拉尔贝格建筑学派（Vorarlberger Bauschule），又以其长期的不懈努力赢得了世人的瞩目。他们在建筑设计中将服务客户与文化需要相结合的方法已经被各地接受为建筑原则。我们不能说这些探索都是完美的，然而它们都表现了设计者冷静的思考和尝试。

图 6－27　罗西设计的荷兰 Bonnefanten 博物馆

西方建筑师虽然在探索建筑的新发展中走在了世界的前面，为整个人类作出了许多重要的贡献，但各民族在接受西方先进思想的同时，逐渐认识到每个民族和国家都有自己独特的价值和问题，西方模式并不是永恒的真理。对此，许多亚洲建筑师根据自己的问题提出了独特的解决方法，尤其是在解决建筑同传统与环境的关系问题等方面，为我们做出了榜样。印度建筑师查尔斯·柯利亚（Charles Correa）从民间建筑和建造技术中汲取精华，“他将艺术性和人性融入了他的建筑中，作品高度体现了当地历史文脉和文化环境。大尺度的几何形体与大量地方材料的结合使公众感到亲切的同时得到鼓励（国际建协评语）”，并不断有所创新。他的作品不炫耀财富和权力，而是展示对人的关心和对生活的热爱。他从伊朗风斗式住宅（图 6－29）中领悟到建筑节能的途径，创造

图 6—28 拉菲尔·莫涅奥设计的罗马艺术博物馆

图 6—29 印度建筑师查尔斯·柯利亚设计的管式住宅

了他的管式住宅（Tube House）[67]；马来西亚建筑师杨经文（Kenneth Yeang）特别关注建筑与环境的关系，并对生态学和生物系统的特性进行研究，强调建筑的节能，尤其是高层建筑的节能问题。他还从生物气候学的角度研究建筑设计的方法论，以满足人的舒适和精神需求以及降低建筑能耗（图 6—30）；土耳其建筑师特格·冈色瓦（Purjut Cansezer）致力于地域性建筑创作，他通过空间组织反映地域文脉和环境条件，并利用材料及精致的细部体现建筑的地域性格。同时他还努力在建筑中反映伊斯兰文化。在创作中，他并不强调对传统原样的复制，而是努力发掘建筑原型，按传统的语法创作新的建筑形式；斯里兰卡建筑师巴瓦·吉欧佛里（Jeoffrey Bawa）努力在创作中体现注重气候环境、反映传统文化的设计思想。他非常重视地形和植物对设计的影响，并通过提供眺望场所、布置庭院和人行道、细部材料处理等，来反映他对环境的关注[68]（图 6—31）。

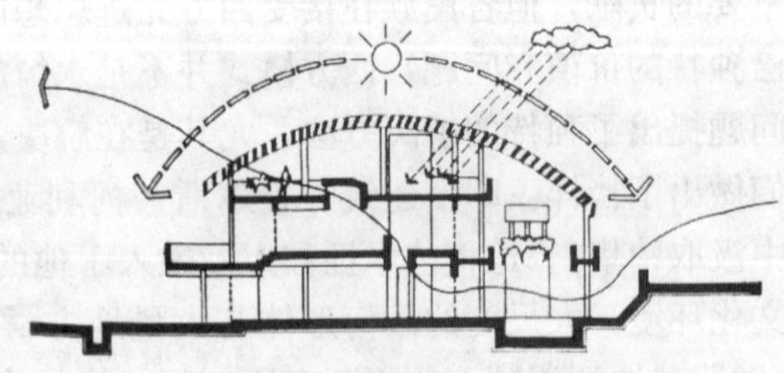

图 6—30 杨经文自宅

图 6—31　斯里兰卡建筑师巴瓦·吉欧佛里设计的三吨旅馆

从上个世纪 90 年代开始，现代主义的基本理论和设计再次引起人们的注意。现代主义尽管存在缺陷，但它所强调的建筑自律性和建筑师的历史责任感都是应当坚持的。同时，人们还认识到，固然对理性主义的神化和极端化不能表现人类丰富的生活与个性，而抛弃理性主义的非理性也不足以涵盖极广的建筑任务。从理性的极端走过非理性的极端之后，面对当代建筑特有的问题，只有全面地思考人类的各种具体问题，才可能找到解决问题的最佳途径。

小　结

随着西方的殖民扩张，全球化的进程开始了。当代建筑给人最突出的印象不再是各民族间差别迥异的传统建筑，而是全球性趋同的方格子建筑，这说明建筑趋同与多元已经跨越传统和地域的界限，成为全球性的了。

首先，当代建筑趋同的表现主要有以下几个方面：

第一，对人类基本需求的明确提出。当代人第一次可以从全球性的角度，向全世界提出要求和宣言，以满足人类共同的利益和需求。这样每一个民族或国家都不能只凭自己的喜好和需要进行建设，而必须遵循联合国制定的纲领性文件。这就强调了全球性统一的观念和共同依据。第二，现代科技的推广普及，市场的跨国竞争以及标准化的生产和经营，都使人们的生活和观念超越过去民族和地域的范围，成为国际性的了；第三，现代主义建筑理论的应运而生，引发了一场建筑的革命，其主要建筑师注重为普通人建设住房，探索大量生产的建筑模式，发掘现代技术的各种潜能，研究放之四海而皆准的美学原则等等。这些都是具有全球的适用性的，因此也具有全球的影响力。

尽管当代建筑的趋同性格外突出，但也应当看到，在建筑趋同的表象下，不同民族的文化传统和相异的地域特色对建筑的影响，使当代建筑呈现多元的发展方向。更重要的是，许多建筑师正在从民族文化和地域特点中探索适合本土的发展之路，这是在更高层次上对传统的回归。事实上，各国际组织不仅要求全人类的一致目标，同时也倡导对

民族传统的尊重和保护。国际建协第 14 次会议华沙宣言就提出“一切对塑造社会面貌和民族特征有重大意义的东西，必须保护起来”的口号，鼓励建筑师创作具有民族文化和地域特色的建筑。尽管科技的进步可以使建筑超越环境和地域的制约，但这并不符合节约资源和保护环境的要求。现在节能建筑、生态建筑、绿色建筑已成为全球性的新潮流，我们只要合理利用科技的成果，科技就能够造福于人类。只要全球的建筑师共同努力，世界建筑就能丰富多彩。

【注　释】

① 房龙《人类的故事》. 第 233～235 页 . 北京出版社，1999 年 1 月

②（美）斯塔夫里阿诺斯《全球通史：1500 年后的世界》. 第 224 页 . 上海社会科学院出版社，1999 年 5 月

③ 同上，第 565 页

④ 引自张广智，张广勇《现代西方史学》. 第 322 页 . 复旦大学出版社，1996 年 5 月

⑤ 1932 年出版的美国史学家海斯、穆恩和韦兰 3 人编写的《世界史》中，作者系统地阐述了欧洲中心论的观点：“从伯利克里和凯撒的时代直到现在，历史的伟大戏剧中的主角，都是由欧洲的白种人担任的。”他们甚至把欧洲各国强迫各民族采用欧洲人的方式说成是白种人的负担：“要引导千百万的陌生人走上欧洲文明和进步的道路，是一个负担，而且是一个沉重的负担。”这种观点曾在欧美史学界十分流行，英国的历史教科书中，就有很多“白人的负担”之语。参见张广智等《现代西方史学》，第 323 页

⑥ 吴焕加“建筑与解构论稿（下）”，《世界建筑》. 第 76 页. 1996（2）

⑦ 引自柯林武德《自然的观念》. 第 169 页 . 华夏出版社，1999 年 1 月

⑧ 同上，第 24 页

⑨ 同上，第 24 页

⑩ 张广智 张广勇《现代西方史学》. 第 220 页 . 复旦大学出版社，1996 年 5 月

⑪ 同上，第 324 页

⑫ 同上，第 324～325 页

⑬ 三国时魏人阮籍（210～263 年）在《乐论》中指出：“车服、旌旗、宫室、饮食，礼之具也”。

⑭ 转引自董黎《中国教会大学建筑研究》. 第 16～17 页 . 珠海出版社，1998 年 5 月

⑮ 转引自奥斯瓦德·奚伦“圆明园”第 120 页，《建筑师》，第 42 期

⑯ 同本章注释 [14]，第 63 页

⑰ 同上，第 61 页

⑱ 同上，第 52 页

⑲ 侯幼彬“文化碰撞与‘中西建筑交融’”第 8～9 页，《华中建筑：第二次中国近代建筑史研究讨论会》

⑳ 所谓“误读”是指人们在与他种文化接触时，很难摆脱自身的文化传统、思维方式，往往只能按照自己所熟悉的一切来理解别人。人在理解他种文化是，首先自然按照自己习惯的思维模式来对之加以选择、切割，然后解读。乐黛云《透过历史的烟尘》. 第 101 页. 北京大学出版社，1997 年 11 月

㉑ 董黎《中国教会大学建筑研究》. 第 18 页 . 珠海出版社，1998 年 5 月

㉒ 张复合“中国近代建筑史‘自立’时期之概略”. 第 1 页. 《第五次中国近代建筑史研究讨论会论文

集》，中国建筑工业出版社，1998 年 3 月

㉓ 转引自董黎《中国教会大学建筑研究》. 第 4～5 页 . 珠海出版社，1998 年 5 月

㉔ 同上，第 8 页

㉕ 同上，第 36 页

㉖ 同上，第 19 页

㉗ 同上，第 73～74 页

㉘ 张复合“中国近代建筑史‘自立’时期之概略”. 第 1 页 .《第五次中国近代建筑史研究讨论会论文集》，中国建筑工业出版社，1998 年 3 月

㉙ 刘登阁，周云芳《西学东渐与东学西渐》. 第 16 页 . 中国社会科学出版社，2000 年 1 月

㉚ 侯幼彬“文化碰撞与‘中西建筑交融’”. 第 6～9 页 .《华中建筑：第二次中国近代建筑史研究讨论会论文专辑》，1988 年第 3 期

㉛ 同上

㉜ 同本章注释［2］第 287 页

㉝ 王列，杨雪冬编译《全球化与世界》. 第 11～12 页 . 中央编译出版社，1998 年 11 月

㉞ 引自吴焕加“建筑风尚与社会文化心理（上）”第 72 页《世界建筑》1996（3）

㉟ 引自四校编《外国近现代建筑史》. 第 235 页 . 中国建筑工业出版社 1982 年 7 月

㊱（美）菲利浦·约翰逊“建筑的七根拐棍”

㊲（法）勒·柯布西耶《走向新建筑》. 第 156 页 . 中国建筑工业出版社 1981 年 4 月

㊳ 见第三章注释［15］

㊴ 彼得·柯林斯《现代建筑设计思想的演变》. 第 178 页 . 中国建筑工业出版社 1987 年 11 月

㊵ 第 227 页“本来在有插图的建筑杂志出现以前，相距若干里的两地有着相似的公共建筑物，似乎没什么不合理。而易于用照片并列比较这件事，却在建筑师中间造成了竞争的错误观念，每个集团都发觉自己不得不具有‘独创性’的公共建筑物”。

㊶ 引自潘显一 冉昌光《宗教与文明》. 第 287 页 . 四川人民出版社 1999 年 5 月

㊷ 陈志华《北窗集》. 第 112 页 . 中国建筑工业出版社 1993 年 6 月

㊸（法）勒·柯布西耶《走向新建筑》. 第 102 页 . 中国建筑工业出版社 1981 年 4 月

㊹ 同本章注释［19］. 第 339 页

㊺ 引自吴焕加“当代西方建筑审美意识的变异”《世界建筑》1990（2～3）

㊻ 引自陈志华《外国建筑史》. 第 121 页 . 中国建筑工业出版社 1979 年 12 月

㊼ 同本章注释［19］. 第 269 页

㊽“……甚至像气候这样重要的因素也不顾，其严重程度由下面的情况可知：当法兰西学院提出以‘阿尔及利亚的总督官邸’作为 1840 年罗马奖金的题目时，根据亨利·拉布罗斯特的说法，结果是根本没有表现出任何气候的影响，每个设计全能建造在巴黎的马路旁而不会激起任何公众的评论。”参见（英）彼得·柯林斯《现代建筑设计思想的演变》. 第 267 页

㊾ 理论上，勒·柯布西耶在《走向新建筑》中提出了机器美学的概念，充分肯定了飞机、汽车、轮船等工业产品的美学价值。实践上，现代建筑师追求建筑单纯的几何性和纯净的白色，这些都是自然界中不存在的形体和颜色，但他们认为这才是自然的本质，才是绝对真实可信的。比如勒·柯布西耶在《现代装饰艺术》中就说明他用白色的原因：“如果房子全是白色的，它的轮廓线就会是清楚而没有误解的可能性，它的体积是明确的，色彩是鲜明的。白粉的白色是绝对的，一切都绝对地显露出来，一清二白，它是真实而可靠的……”

㊿ 吴良镛《建筑学的未来》. 第 47 页 . 清华大学出版社，1999 年 6 月

(51) 同上. 第28页

(52) “中国把可持续发展作为基本国策之一，1994年3月25日通过了《中国21世纪议程——中国21世纪人口、环境与发展白皮书》。”参见吴良镛《建筑学的未来》. 第47页. 清华大学出版社1999年6月

(53) 美国在2000年制定了《绿色建筑分级认证标准体系》，中国在2002年制定了《中国生态住宅技术评估手册》，参考联合国世界卫生组织提出健康住宅的标准，我国住宅与居住环境中心联合卫生部、环保部的一些科研单位、国家体委共同编制了我国关于《健康住宅建设技术要点》。

(54) 这即是所谓文化折射现象，就是说“属于甲文化的个人研究乙文化时，必然带着他自身的文化场——思维方式、默认成规等文化框架，而使甲文化在他的研究和陈述中发生折射而变形”，传统决定着人们的“接受屏幕”。参见乐黛云《透过历史的烟尘》. 第115页

(55) 同上

(56) 同本章注释［2］. 第540页

(57) 清华大学建筑学院，清华大学建筑设计研究院《建筑设计的生态策略》. 第46页. 中国计划出版社，2001年9月

(58) 阮仪三 王景惠 王林《历史文化名城保护理论和规划》. 第6页. 同济大学出版社，1999年8月

(59) 同本章注释［19］. 第9页引言

(60) 引自申作伟 李娜“从‘拯救’到‘逍遥’——论路易·康的历史地位”《建筑学报》，1998（2）

(61) 同上《建筑学报》，1998（2）

(62)（美）罗伯特·文丘里《建筑的复杂性和矛盾性》. 第1页. 中国建筑工业出版社，1991年5月

(63) “人类的物质文化在过去的200年中发生的变化远甚于前5000年。18世纪时，人类的生活方式实质上与古代的埃及人和美索不达米亚人的生活方式相同。人类仍在用同样的材料建造房屋，用同样的牲畜驮运自己和行李，用同样的帆和桨推动船，用同样的纺织品制作衣服，用同样的蜡烛和火炬照明。然而今天，金属和塑料补充了石块和木头，铁路、汽车和飞机取代了牛、马和驴，蒸汽机、内燃机和原子动力代替风和人力来推动船，大量合成织物与传统的棉布、毛织品和亚麻织物竞争，电使蜡烛黯然失色，并已成为只要按一下开关便可做大量功的动力之源。”参见斯塔夫里阿诺斯《全球通史：1500年以前的世界》. 第275～276页

(64) 60年代兴起的激浪派艺术就是其中之一，他们宣扬摒弃一切必要性、个性和雄心，而为一种简单的自然现象、一次游戏的非结构性和非个人的本质性而斗争。参见张延风《西方文化艺术巡礼》

(65) 乐黛云《透过历史的烟尘》. 第64页. 北京大学出版社，1997年11月

(66) 参见吴良镛《建筑学的未来》. 第82页. 北京大学出版社，1999年6月

(67) 吴良镛《建筑学的未来》. 第73页. 清华大学出版社，1999年6月

(68) 曾坚 袁逸倩“回归与超越”《新建筑》，1998年第4期

第七章

对未来的几点思考

在当前全球性的发展中，国际间的交流日益频繁，随波逐流并不能解决自身存在的问题。中国建筑应当在全球的总目标下，根据自己的历史、文化特点创造性地解决自己的问题，建立中国特有的发展模式，为世界建筑发展作出自己的贡献。

回想

一、全球的共同目标和民族精神相结合

国际建协《北京宪章》指出："在新的世纪里，全球化和多样化的矛盾将继续存在，并且更加尖锐。"对于当代建筑来说，全球化和多样化主要表现为全球化与民族化、地方化的问题。随着人们自觉意识的提高，随着当代科技的进步，当代建筑中所体现的民族化、地方化已经把重点放在了每一个体的方面和每一具体的细节。

客观上说，建筑的全球趋同具有历史必然性。随着社会的发展，"科学技术的传播已为人类创造了一个新环境，引起了一系列新问题。早期的人类必须面对自然环境，但主要是作为个人——农夫、猎人或渔民——来对待大自然。今天，新环境和新问题使个人的行为和解决办法无济于事；它们需要人类采取有组织的集体行动。与较早的几个时期大不相同，现在需要的是社会调节和社会控制"①。在这种情况下，人类所面临的共同问题必然对整个世界或一定区域作出统一的要求和规定，比如生态环境问题、能源消耗问题，尊重和保持人文环境等问题。就环境问题来说，据统计，全球能量的50%消耗在建筑的建造和使用过程，据日本的有关学者研究：在环境总体污染中与建筑有关的环境污染所占比例为34%。对此，1972年，联合国人类环境委员会通过了《斯德哥尔摩宣言》，提出人与自然、人工环境与自然环境保持协调的原则；1987年，蒙特利尔协议书对破坏臭氧层的化学物质制定减少排放标准。世界环境和开发委员会强调可持续发展的观点；1992年，联合国环境与发展会议成为历史上规模最大的国家与地区首脑会议。这些都使每一个建筑师充分认识到保护环境的重要性和迫切性，为解决全球的环境问题提供了前提。随着人们对各民族文化的加深理解，国际间的交流与合作越来越多：各国间互派留学和考察人员，不仅包括发展中国家派往发达国家的单向流动，而且发达国家也开始重视向发展中国家学习的机会；各种主题的国际建筑会议，交流建筑的最新动态和最新成果，制定共同遵守的纲领性文件；组织和评议国际建筑竞赛，促进了国际间的学习和了解，使世界建筑朝着有利于人类共同利益的方向发展。

毫无疑问，当代建筑不可能如中国传统建筑那样作为伦理道德的载体，同样，西方传统中把建筑作为体现人类最高技艺的观念也受到挑战。尽管体现人类最高技艺的高技派建筑依然盛行，高层、超高层建筑不断耸立起来，毕竟，这已不是建筑所遵循的惟一准则。那么，当代建筑的依据是什么呢？其实，再也没有也不可能有惟一的标准和准则了。建筑作为人类整体的表达方式已经不能满足当代人的需要，因为每一个人都有自己独立的人格，都有自己独特的需求，建筑在满足人类基本需求的基础上，需要更具体、更细致。

因此笔者认为，当代建筑以表现个体的需要和愿望为基本特征，主要表现在设计者、建造者、使用者和建筑本体等四个方面。

第一，从设计者的角度来说，建筑被作为表达设计者个人情感的工具，就是说建筑师在创作中把自己的思想、情感，趣味等表现在他的作品中。20世纪初产生于德国、奥地利的表现派（Expressionism）建筑，就主张建筑应当表现个人的主观感受和体验；西班牙建筑师戈地，用夸张的塑性造型令人惊奇。人们赞美它是因为叹服他天才的想像

力，同时也因为他能给使用者以独特的个性特征（图 7—1）；美国建筑师理查德·迈耶（Richard Meier）的白色建筑，以优美、严谨的造型亭亭玉立，在任何的环境中都显得优雅、高贵（图 7—2），成为他个人的一种标志；日本建筑师矶崎新也认为："建筑必须从个人开始。而个人主义是建筑的最终源泉"②；

图 7—1　戈地设计的西班牙巴塞罗那圣家族教堂及细部

图 7—2　理查德·迈耶设计的荷兰海牙市政厅

第二，从建造者即业主的角度来说。当代建筑史学家弗兰姆普敦（Kenneth Frampton）说："在建筑界有实践经验的人都知道，业主对于建筑设计意图的成功实现绝对是至关重要的。如果没有敏锐、智慧而又负责的业主，我们行业的施展范围就会极其有限"[③]。其实，几乎所有作品都是建筑师与业主之间平衡的结果。一个建筑的实现总是要经过建筑师与业主间合作的，除非建筑师本人就是业主。业主除了可能与建筑师一样希望在建筑中表现个人的思想和兴趣之外，还有可能受到商业利益等其他方面的驱动而对建筑提出要求。如一些商业性的建筑，他们以夸张的形象和醒目的主题为特征，给人以强烈的视觉冲击（图 7—3）。

图 7—3　建筑的商业性

第三，从使用者的角度来说。这主要包括两个方面，一方面是表达每一个使用者的切实需要，另一方面是对历史建筑和历史事件的尊重与保护。

在人类建筑的历史上，人类第一次面对个人的需要并对建筑提出要求。原始建筑只能执行神的旨意，传统建筑是对特定群体意愿的满足，只有在当代，建筑才开始真正表达对每一个体的关注和尊重，满足人与人追求平等的关系，要求平等的权利。比如说，我们应当在医院建筑的每一处都能看到扶手（图7—4）；住宅的设计尽管普通，却能使每一户人家都感到自己是处在一个不同寻常的位置（图7—5）；公园里可以向任何方向转动的座椅，就给每个人以最大的机会去按着自己的方式去休息（图7—6）；还有对无障碍设计规范的制定。规范本身不一定是完美无缺的，可它体现的是对弱势群体的关爱。意识到这一点，建筑师就能在最平凡的设计中，在规范涉及之外的地方，也能考虑到其他个体的存在，并在设计中付出最细致入微的关怀（图7—7）。台湾作家龙应台先生说："有财富的社会，如果在心灵的层次上还没有提高到对人的关爱，还没有扩及到对弱者的包容，它也是一个落后的社会"[4]。这是从一个作家的角度来说的，而对于建筑师来说，英国建筑师詹姆士·斯特林（James Stirling）说得好："建筑物如表现了使用者的生活方式，肯定就会是丰富多彩而不单调"。

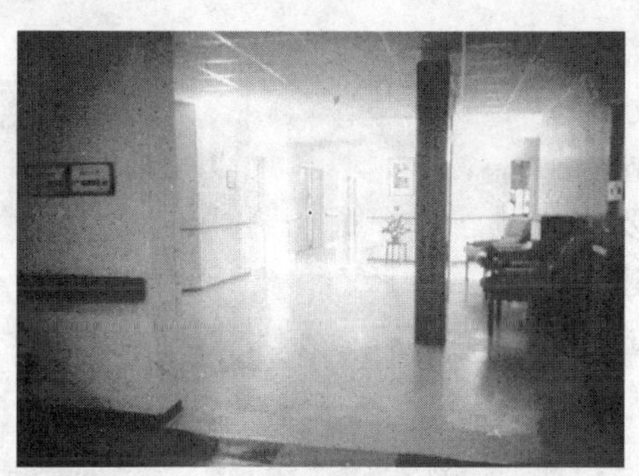

图7—4　法国波尔多某医院

图7—5　法国波尔多某住宅楼

图7—6　屈米设计的法国拉·维莱特公园中的座椅

图7—7　最平凡的无障碍设计

对历史建筑和历史事件的尊重和保护，就是对人的尊重。历史建筑之所以使人留恋，是因为它负载着许多的故事，是人们情感的寄托。这一点已经得到了世界建筑师的共识。1987年国际古迹理事会通过的《华盛顿宪章》指出"……文化财产无论其等级多低，均构成人类的记忆。"因此珍惜这份记忆，就是对人的尊重。法国波尔多市中心有一个文化活动中心，原是一座15世纪建造的废弃了的修道院，建筑师把它充分利用了起来，设计中尽量保留修道院中遗留的部分，其中的一个小教堂仍然保留原有的功能，新旧建筑的融合为旧建筑注入了新的生机和活力。工作之余，人们每经过这一清静之地，沉思一下，祈祷几句，生活就显得很有意义(图7—8)[5]。德国建筑师里勃斯金德（Daniel libeskind）设计的柏林犹太人博物馆（Jewish Museum in Berlin），以曾经默默工作过的犹太人生活的地址为连线，形成一个看似不确定而又具有内在确定性的形体线，给人以强烈的视觉感染力，它的形状建立在已逝去的犹太人的地址上，其实，不必追问这些线的由来也会给人撕心裂肺之痛（图7—9）。要说明一段惨痛的历史事件，可以有无数种表达，建筑师没有表达个人的悲哀，也没有充当犹太民族的代言人去声讨什么，而是用这些无声的线把后人默默的寻找过程表现出来，以不确定的形式显示确定的内涵。建筑师就是以尊重和理解历史的态度，给予每一个经历过的人以情感的慰藉，给予每一个没有经历过的人以心灵的震撼。

图7—8　法国波尔多原修道院小教堂入口和教堂内景

第四，从建筑本体的角度来说。当建筑在现代技术的支持下，摆脱了客观条件和传统文化的束缚，就取得了相当程度的"自由"。相对独立了的建筑不应受建筑功能的制约，也不必遵循形式美的法则，它不为表达任何过去认为需要表达的东西。建筑师的任务就是循着建筑自身所给的踪迹（或称印记）走下去。彼得·埃森曼说"建筑的真正主题只是建筑自身"[6]。尽管这些建筑师都在设计中极力摆脱个人意志，希望表达建筑或世界的本来面目，可是事实上，每个人都不可能不把自己对世界的认识，对建筑的认识留在其作品中。美国建筑师弗兰克·盖里（Frank O. Gehry）用他混乱和倾覆性的造型，表现了他对世界秩序的怀疑（图7—10）；美国建筑师屈米（Bernard Tschumi）在他的拉·维莱特公园（Parc de la villette）中，用醒目的疯狂物（Folies）向人们显示，如何追随踪迹的设计方法，但还是掩饰不住他在形式设计方面的深厚

功底（图 7—11）……

图 7—9 里勃斯金德设计的柏林犹太人博物馆

图 7—10 盖里设计的迪斯尼音乐中心和盖里自宅

图 7—11 屈米设计的法国拉·维莱特公园中的疯狂物

应当注意，当代建筑在表现个体的需要和愿望的同时，必须首先符合人类发展的共同目标，符合可持续发展的纲领性文件。在此基础上，当代建筑才能真正做到既有利于全人类的发展，也尊重每一个体的具体需要。

综上所述，在技术的支持下，当代建筑不仅可以表达整个人类巨大的创造性和认识世界的能力，而且可以满足个体的需要和意愿。建筑师可以在建筑上发挥自己的才能，商人可以用建筑显示自己的经济实力，每一个人都可以用建筑显示自己的个性和追求，这就使当代建筑显得纷繁多元。同样也因为如此，使建筑师在创作中不知如何取舍。所以优秀的作品一经问世，就被不问青红皂白地模仿或拼凑出来。这虽有利于经验的传播，却也使建筑显得浮躁，不切实际。因此建筑师只有在全球总目标的指引下，总结自己的特点，解决自己的问题，才能创作出优秀的作品。

二、宏观思维和具体分析相结合

一些社会学家发现，社会的进步和发展，实际上就是一个不断分化的过程。从传统社会向现代社会的过渡，一个基本的标志就是社会的各个方面彼此分化，各个社会子系统开始具有不断发展出自己的相对的自律性。甚至有人认为，现代化的过程就是一个不断分化的过程。分化的结果，其重要标志是各个不同的领域发展出各自用以证明自身合法性的规则和标准，不再依赖某个“元标准”，而获得自身存在的理由和价值，使这些领域得以不断地发展和完善。建筑的发展过程也是如此，从最初对神依赖，到对传统观念的服从，直到当代建筑本体的独立。

中国传统文化是一种以整合为特点的文化，正如梁漱溟先生所说：“中国是无论大事小事，没有专讲他的科学，凡是读过四书五经的人，便什么理财司法都可做得，但凭你个人的心思手腕去对付就是了。虽然书史上边有许多关于某项事情——例如经济——的思想道理，但都是不成片段，没有组织的。而且这些思想道理多是为着应用而发，不谈应用的纯粹知识，简直没有”⑦。中国这样的文化特点和思维方式注重事物之间的相互关系，不会产生“头疼医头，脚疼医脚”的现象。但缺乏对具体问题的独立分化和深入分析，这一点明显表现在中国传统学科的贫乏上。表现在建筑上尤其是高等级的建筑，建筑即是表现社会身份地位的工具，又是官僚文士抒发情感的对象，如抒情写意的园林建筑，还在一些构造、设置中传达具有某种特殊意味的象征物，如兽吻、斗拱等，而各种风水阴阳的说法，更是一定的合理性与巫术迷信相混杂的产物。不仅如此，中国建筑自身也缺乏分化。中国传统建筑在本体意义上没有类型的区分，建筑不因功能有所分别，其空间、形式、风格等均同质同构，具有很大的通用性。其特点就是：美学和道德相混杂，形式和巫术相始终，风格和文学相联属，虽形成一种独特的建筑体系，但如果不能打破这种整体的框架，中国建筑就难有突破性进展。因此我们提倡分析的方法论，并不是说整合是不必要的，相反，分析是为了最后的整合。只有在分析前提下的整合，整合基础上的再分析、再整合才能推进知识的不断深化。

应当承认，建筑是一个涉及多学科的综合体，建筑师需要广博的知识，建筑设计需要

综合的思维能力。确实，中国古人在整合的传统思想下，建筑以道德伦理为轴心，综合环境因素，地域特点和人文需求，天地人三者的有机结合，形成千百年来人们安居乐业的理想场所。但是，现代中国人的生活与传统已大不相同，原来意义的和谐也已经打破，当代人生活既复杂又多样，每一个体都要求自己的个性，所以我们必须寻求新的和谐。这当然不能没有整合的思想，但没有分析的整合是难以深入发展的。中国传统建筑在它成熟以后就难有实质性进展，除其他因素之外，应当说缺乏分析、分化是一个重要原因。

日本建筑师芦原义信发现："中国人关心的只是把最先进的技术与自己所拥有的技术进行比较、研究"。"在日本，新的建筑造型总是和理论一起出现。但是，在中国关于建筑造型和形态构成的理论却意外地缺乏"⑧。在中国传统建筑史上，建筑或者是权威话语的工具，或者是某种身份地位的体现，或者是个人情绪宣泄的对象……但从来都不是建筑自身。这样看来，建筑造型和形态构成研究的缺乏也就不足为奇了。不仅如此，由于我们一再强调建筑的综合性和复杂性：既是物质的，又是精神的；既是艺术的，又是技术的；既是自然的，又是社会的等等，在这种思想支配下，对建筑的要求往往求全责备，使建筑师不可能专注于一些具体要素的深入研究，也难以在理论和实践中有所突破。

当然，拘泥于建筑纯理论的研究难免脱离实际，但我们知道，纯粹的数学在实际生活中也是不存在的，但由于摆脱了实物的羁绊，数字之间的关系才变得更加清晰而易于深入，数学的发展为其他学科的发展奠定了基础，提供了前提。

密斯·凡·德·罗以建筑的实用功能为代价，沉浸于对流动空间和玻璃钢材料的探索，引出一场不大不小的官司⑨，但他在建筑空间和技术方面的成就推动了建筑的新发展，使人们开始把注意力转向建筑的主题——空间的研究。美国建筑师约翰·波特曼（John Portman）通过对人的行为深入观察和研究，创造了中庭共享空间，令人耳目一新（图7—12)。

图7—12 波特曼的共享空间

俄国构成派（Constructivism）的建筑师，在建筑空间、平面及其构成元素的组合等方面的探讨，虽然显得单纯、不切实际，但却使建筑自身的问题得到了深入研究，其影响可以在许多注重造型的当代建筑作品中看到（图7—13）。

图 7—13 彼得·艾森曼设计的美国康涅狄格州的二号住宅

1976 年意大利建筑师皮亚诺（Reuzo Piano）和英国建筑师罗杰斯（Richard Rogers）设计的法国蓬皮杜国家艺术与文化中心，以其大胆的设计冲击着传统的观念，迫使人们重新思考文化性建筑的形象问题以及科学技术在建筑上的表现力等问题。

有些建筑师从传统和历史中提取某种抽象的形式作为一种象征性的符号，以唤起人们对过去的怀念，以此表示对人的关怀和尊重，使人们从语言学和符号学的角度重新认识建筑及其本质，从而在理论和实践上都掀起了一次新的探索热潮（图 7—14）。

图 7—14 文丘里设计的约翰逊画廊中的新爱奥尼克柱

……

用中国传统的眼光来看，这些建筑师的研究都不免偏激甚至顾此失彼，同时这也是他们被当代建筑评论指责的地方。然而正是有了他们的探索基础，当代建筑才能够有一个新的综合和全面的发展。因此我们主张用宏观的思维把握建筑的总方向并协调各领域之间的关系，同时不能忽视对建筑本体的分析和具体细致的研究，这样中国建筑才能更加深入地发展并形成自己的独特风格。

三、业主利益和建筑师的责任相结合

关于业主利益与建筑师的责任问题，笔者拟从当代中国的文化形态谈起。当代中国文化形态的特点，决定了建筑师和业主的社会角色，决定了他们在各种利益面前的态度和社会责任感。

改革开放以来，我国改变了过去一元化统治的局面而呈现出多元文化的繁荣景象。从文化的内部演变形态来看，可以分为三种文化形态，一种是主导文化，也即官方文化或正统文化，是指国家正统意识形态的文化，以权威性为其主要特征；一种是精英文化也叫高雅文化，以道德关怀和审美追求为目的，其特点是内在的创造性和艺术的纯粹性。最后一种是大众文化也叫流行文化或通俗文化，是以消费性和娱乐性为主要目的的文化，接受市场原则的调节，以实用性、直接性和短期性为主要特征。这三种文化之间彼此相关又有所区别，共同受到总体性的政治、经济和文化背景的制约。

由于中国传统文化的影响，当代文化的结构形态表现为以下特点。首先，主导文化

是一个重要的文化力量，在相当程度上是对审美文化的制约，是中国文化结构的特有形态；其次，不同于西方的精英文化，中国的精英文化是一种弱势文化，这与中国历史上没有形成独立的知识分子阶层有关，加之当代政治—市场经济的二元文化结构的作用，文化精英对市场和体制的依附，使精英文化的先锋性得以消解而边缘化；最后，严格意义上的大众文化，在中国是近20年才发展起来的新文化形态，但却以一种压倒一切的势头迅猛地发展起来。开放的政策、传媒的作用以及新的消费方式的不断涌现，都为大众文化的发展创造了条件。“大众文化已经开始成为中国当代文化中最具规模和活力的部分，无论在市场化的程度，还是在流通的范围，或是受众的人数，以及对大众的吸引力和娱乐性等方面，大众文化都远远地超过了任何其他文化”[10]。这三种文化在彼此融合、消解的过程中发展，共同形成中国当代的文化景观。

应当特别注意的是，大众文化的飞速发展，必然导致它所固有的交换逻辑和快乐原则的广泛扩张，甚至在主导文化和精英文化中也会有一部分人分化出来，加入到大众文化的阵营之中。这种现象既壮大了大众文化的队伍，也促使精英文化的解体和进一步“边缘化”。从中国传统文化发展的历史来看，这是有原因的，中国历史上一向是官方文化占有绝对的权威性，历史上的“文字狱”、“焚书坑儒”等就是见证，因此知识精英长期处于失语状态，没有形成独立的话语体系，科学和艺术的发展也因此长期处于被抑制的状态得不到充分的发展。在当前大众文化的吸引下，知识精英之倒向大众文化也是势所必然，这是我国特殊的历史造成的。当然我们不能一概否定大众文化的价值，事实上，大众文化在繁荣文化市场和对文化的推广普及等方面都有不可忽视的作用。

在精英文化逐渐“边缘化”的情况下，笔者认为，知识精英应当担负以下责任：第一，宣传和普及建筑知识，以提高公众的鉴赏能力，让低劣的东西不能得到大众认可；第二，涉足大众文化的知识分子，应当以提高大众文化的品质为己任；第三，努力形成自己独立的话语体系，坚持精英文化应有的先锋性、自律性和责任意识。

首先，宣传和普及建筑知识。建筑几乎无时不存在于人们的生活当中，它是人们生活的重要组成部分，因此，对于建筑似乎没有“门外汉”，每个人都能有自己的认识和想法。但这些认识和想法如果只停留在感性认识的基础上，就会因认识不足而对建筑做出不公正的评价或提出不合理的要求，因此建筑师有责任和义务宣传普及建筑的基本知识，提高大众对建筑科学性和知识性的认识，这样他们才能尊重和理解建筑师的工作，促进建筑质量的提高。2000年7月20日中央电视台播出了浙江省定海古城被毁的情况，尽管专家学者甚至普通的居民对保护古城都提出了强烈的要求，其中刘家大院的后人与当地政府打了两年的官司，但都以失败告终。当地的负责人说他们看不出那些古东西有什么价值，认为不过是年轻人看着新奇一些罢了，并且还认为那些雕刻花样现在的匠人也都能做得出来。相反的例子，据说在二次大战中，盟军的两位飞行员接到命令，要求他们去轰炸德国的科隆大教堂，当他们飞至目的地时，那壮丽无比的大教堂令他们震惊，为此他们决定冒险违抗命令，无功而返。当我们为定海古城的消失感到痛心时候，当我们指责当事人无知的时候，是不是也该想一想作为建筑师的责任？如果我们把建筑的知识再普及一些，使公众对建筑的鉴赏力再提高一些，是不是可以少一些被毁的

古城？国际建协《芝加哥宣言》号召我们："教育我们的职业同行、建筑界、业主、学生以及普通公众，使他们理解到持久性设计的关键性意义及实质性机会"。中国建筑学会建筑史学分会理事长杨鸿勋先生，就建筑考古的历史知识在中央电视台进行多次讲座，具体生动、深入浅出，受到广泛好评，并引起越来越多人对建筑的关注和爱好，为我们做出了榜样。

其次，敢对业主说"不"。建筑活动往往意味着巨大的财力花费，业主不会放松对建筑设计的要求和对设计方案的选择，以求合乎心意[11]。当前中国正处在轰轰烈烈地建设时期，业主为了商业利益，常常提出一些不合理的要求。张开济先生号召建筑师们学会说"不"："过去中国建筑师太听话了，一些人喜欢'小亭子'就盖'小亭子'，业主喜欢'方盒子'就盖'方盒子'，外国流行玻璃幕墙就盖玻璃幕墙，建筑艺术家的个性没有了。我们呼吁社会的关注，首先自己就要有独立的意识，不去迎合他们"[12]。今天，商业利益简直无孔不入！比如为了广告集团的利益，甚至有些足球比赛都被要求增加更多的中场休息[13]，建筑物上的广告牌越做越大，甚至建筑的立面都被披上无数的广告彩带或压上众多的广告牌，根本谈不上建筑造型（图7—15）。艺术的自律价值日益用外在的商品尺度来衡量，上海的一座区级法院（图7—16），是不是有必要做得像美国的国会大厦或其他什么建筑。在这种情况下，建筑师如何在业主的趣味和建筑师的责任之间达成共识，如何在理想和现实之间找到契合点，而又不做那种"半真理"性的妥协，的确是件困难的事情。这当然需要国家政策的配合，然而如何掌握业主心理，说服业主已成为当代建筑师无法回避的新挑战。

图7—15　建筑上的广告牌

图7—16　上海一幢区级法院

最后，建筑师如何自我设计。实际上，当设计原则与经济利益相冲突时，建筑师不仅面临说服业主的问题，恐怕更困难的是如何说服自己。作家韩少功先生说"金钱也能生出一种专制主义，决不会比政治专制主义宽厚和温柔。这种专制主义可以轻而易举地统治舆论和习俗，给不太贫困者强加贫困感，给不太财迷者强加发财欲，使一切有头脑的人放弃自己的思想去大街上瞎起哄，使一切有尊严的人贱卖自己的人格去摧眉折腰"[14]。无论有意或无意，愿意或不愿意，设计者如何进行自我设计已成为必不可免的问题。中国古人云："时俗易人，贤者不免。"面对商业大潮的冲击，每一个建筑师都必

须做出自己的选择。

随着社会的发展和现代科技的进步，当代建筑不仅要面对整个人类或特定群体的共同问题，更要关注个体的具体需要和独特个性。几千年的传统文化造就了中国人特有的思维方式及相应的人文景观和建筑特征，同时也存在着自己的问题，中国的建筑师应当根据这些具体问题去寻找答案，创造性的解决问题。这样，中国特色的现代建筑必将以其独有的风采立于世界建筑之林。

小　结

建筑趋同与多元的问题，实际上包含有现代与传统的问题，全球化与民族化、地域化的问题，还有高科技和高情感，标准化和多样化等问题。首先，现代与传统并不是绝对对立的两个方面。事实上，现代本身就是传统的延续，并将成为今后的传统。应当说每一代建筑师都肩负着发展和完善自己传统的职责。当代建筑师有着更为开阔的视野和更多的参照，应当为本国建筑的发展做出更大的贡献；其次，全球化和民族化、地域化实际上也是并行不悖的，全球化的总目标就是尊重传统，保护环境，节约资源。这些都需要建筑师在发扬传统，充分利用地方资源等方面做出积极的努力，从而创造具有民族和地域特色的新建筑；再次，高科技并不意味着缺乏人情味，许多建筑师的研究已经证明，利用先进科技为手段，可以更有效地分析不同个体和不同地段的具体情况，并从宏观上在更大范围内进行控制和调整，实现真正意义上的生态建筑、绿色建筑，这样的环境当然是更有人情味的；最后，标准化和多样化并不是绝对矛盾的。随着科技的进步，在标准化的模式下，可以有无数选择和组合，从而实现建筑的多样化。

中国的传统文化形成了中国人习惯的思维定式和创作手法，当代中国的发展状况决定了中国建筑师当前所面临的问题。任何文化都有自己特有的优势同时也有其存在的问题，中国建筑师应当针对自己的问题去努力，而不是盲目照搬和模仿；对先进文化的学习和借鉴并不能代替对自己文化的研究，只有对自己文化深入思考和理解之后，才能产生新中国的时代精品。

【注　释】

① (美) 斯塔夫里阿诺斯《全球通史：1500 年以后的世界》第 895 页. 上海社会科学院出版社

② 见第六章注释 [39]

③ 吴良镛.《建筑学的未来》第 97 页. 清华大学出版社，1999 年 6 月

④ 龙应台.《人在欧洲》第 25 页. 生活·读书·新知三联书店，1994 年 3 月

⑤ 见拙文“给旧建筑注入新的生机——介绍法国一座 15 世纪修道院的改建”《建筑学报》2001 (5)

⑥ 见第六章注释 [40]

⑦ 梁漱溟《东西文化及其哲学》第 36 页. 商务印书馆，1999 年 7 月

⑧ 引自顾孟潮“从 19 世纪中叶世界切片上看中国”《华中建筑》1988 (3)

⑨ 密斯·凡·德·罗设计的范斯沃斯住宅，其主人睡觉、起居、做饭、进餐都在四周敞通的空间之内，建筑尽管考究，但对于业主的女医生来说，实在是难以接受，房子还没有完工，这位医生就已经同密斯吵翻。引自 四校编《外国近现代建筑史》第96～97页. 中国建筑工业出版社，1982年7月

⑩ 周宪《中国当代审美文化研究》第73页. 北京大学出版社，1997年11月

⑪ 见本章注释［2］. 第96页

⑫ 引自 早莲“面对商品化的诱惑，中国建筑师能否说不”《北京青年报》1999年4月2日14版

⑬ (德) 汉斯—彼得·马丁等《全球化陷阱》第25页. 中央编译出版社，1998年10月

⑭ 引自孟繁华《众神狂欢——当代中国的文化冲突问题》第52页. 今日中国出版社，1997年9月

结 束 语

了解别人并非意味着去证明他们和我们相似，而是要去理解并尊重他们与我们的差异。

——恩贝托·埃柯

本书通过对建筑趋同与多元横向的文化分析和纵向的历史研究，从而总结建筑趋同性与多元性发展变化的基本规律。

通过分析可以相信，建筑趋同与多元并不是绝对对立不可调和的矛盾。只是在不同的时期，以其中的一个方面显得更为突出和明显一些罢了。在人类的早期，建筑的趋同是由于人类自身的普遍一致性。随着人类社会的发展，这种一致性被传统文化所掩盖，其差异性超过了趋同性，但这种趋同性在同一文化体系或相邻地域中仍有明显表现。究其原因，一方面是由于人类共同性的基础，另一方面是文化交流的结果。只有在当代，全球性的文化交流才得以实现，从而使建筑趋同的现象又一次突现出来，被称之为“全球化”或“地球村”。但有所不同的是，早期的趋同现象是那个时代的人注意不到的，是一种客观存在。而当代的趋同现象则是当代人可视、可感并深感困惑的现象，因而引起全球的关注。

从宏观历时性的角度来看，建筑趋同与多元的发展在各时期有着不同的特点：

首先，从内容方面来说，建筑趋同与多元的发展是一个从普遍性到特殊性的过程。早期的建筑主要反映的是人类基本的观念和需求，以及客观物质条件等所提供的基本可能性方面；在传统时期，建筑的趋同与多元更多显示民族的或地域文化的特点，反映了这一群体在生活实践中的知识积累；当代建筑趋同和多元的内容则涉及到各种学说和理论，既是对整个人类共同问题的讨论和关怀，更注重民族的、地域的甚至个体的方面。

其次，从文化方面来说，建筑趋同与多元的发展是由低级向高级的发展过程，即从物质层面向精神层面的发展过程。早期的建筑的趋同与多元还仅限于文化的物质层面，尽管从微观的角度来分析，其中也包含有文化的各个层面，但从整体角度看来，还是人与物（或神）之间的关系，相当程度上受客观外在条件的制约；在传统建筑中，建筑的趋同与多元就更多反映人类积极性的方面，以传统的形式反映人与人之间的关系，属于文化的制度层面；当代建筑随着科学技术的高度发展，可以超越时空的界限，摆脱物我的羁绊，展开纯理论的研究和讨论，进入文化的精神层面。

再次，从接受的客体来说，建筑趋同与多元的发展是一个由权威到大众的逐渐宽泛的过程。早期的建筑只服务于神，房间的最重要位置是留给“神”的，建筑谈不上个性；传统社会中最大的财力、物力集中于宫殿和神庙，建筑的趋同与多元表现为主流文化的异同；当代建筑平等地为每一使用者服务，宽容地关注弱势群体和边缘人群。建筑的趋同与多元多姿多彩。

最后，从主体的意识方面来说，建筑趋同与多元的发展是自我意识逐步增强的过程。在人类的早期，外在物质环境以"神"的形式左右人的意志，人的需求要通过神的应允，建筑或趋同或多元并不反映人类的主观意愿，它只是一种客观存在的现象。传统文化以高度的凝聚力把人们团结在一起，形成特定的群体，使他们具有一种群体意识，自觉遵守和维护自己的文化。如果没有异文化的影响，建筑往往沿着原有的轨迹发展，以趋同性为明显特征。当与异文化相遇时，或表现为强烈的排他意识或表现为十分的好奇心，对异文化或排斥或吸收都具有相当的自主性；当代人不仅需要群体的归属感，更有自我尊重和自我表现的需求，不再满足于"入乡随俗"和"人云亦云"。对建筑的多元化提出更多的要求，完全是一种自觉的行为。

从各时期共时性方面来看，建筑趋同与多元的原因和特点有以下两大方面：

从建筑的本体意义来说。首先，早期的建筑不仅是人类基本的生存空间，而且在原始人眼里建筑本身就是具有一种神性的实体。它虽然出自人之手，实际却是神的造物，违背神灵旨意的做法都会遭到惩罚，甚至建筑师本人就是巫师，因为只有巫师才具有了解神灵旨意的能力。可以看出，客观物质环境以一种宗教的神秘形式主宰着早期建筑的形成和发展，因此早期的建筑不具有自己的自律性和独立性。建造的客观物质条件的异同决定着建筑的异同；其次，随着人类生产能力的提高，人类逐渐掌握了基本的建造技能，神的意志就转化为人的思想，并以传统观念的形式表现出来。中国传统建筑表达了中国古人对自然的理解，是一种伦理秩序的载体。而西方人则把他们征服自然的能力表现在建筑上。建筑之异同主要是传统文化方面的异同；最后，当代建筑不仅不依附于神灵，也几乎不再受地域环境的制约，同时还可以超越传统文化的束缚，变得"自由"和"自律"，这种自由既带来了建筑的多元化，也引起了建筑的趋同性。实际上，当代建筑在众多的可能性中所面临的问题不再是挣脱束缚，而是决定如何做出选择。建筑的趋同与多元具有复杂性。

从建筑的社会意义来说，首先，在人与人之间的互动关系中，从众心理是建筑趋同的前提，而逆反心理和求新求变的心理，是建筑多元性的基础；其次，在权威和官方与公众的关系中，官方的态度，专家的评论，权威人士的意见，对大众具有导向的作用，或趋之若鹜或避之惟恐不及；最后，成功者的示范作用。一个成功的范例和典型，具有极大的影响力，一些人模仿成功者的结果，导致形式上的雷同，另一些人效仿成功者的过程，是探索的相似，其结果则不尽相同。

人类整体的发展方向，是对世界认识不断深化的过程。因此作者认为，趋同是人类知识经验的普及和推广，多元是人类不满足现状的继续求索，是新的发展和提高，两者是既对立又统一的。在建筑的发展过程中它们相互交织变化，共同推动建筑不断进步。因此，无论是趋同还是多元，都是建筑发展过程中必不可少的阶段。在当前全球化和多元化问题异常突出的形势下，建筑师应当有明确的认识。实际上，全球化并不意味着抛弃传统，而继承传统也不表示保守和落后。相反，没有继承就没有发展。全球共同的发展是我们努力的目标，对传统的继承和发展是我们不变的轴心。

插 图 目 录

第二章

页眉插图“建筑的起源” 丰子恺画

图 2—1 荒凉世界中的垂直物 高小刚《图腾柱下》

图 2—2 从自然形态到文化形态的转换 刘先觉《现代建筑理论》

图 2—3 古埃及伊德福神庙 Caroline Humphrey《Sacred Architecture》

图 2—4 中国原始窝棚（中心柱崇拜） 王贵祥《东西方的建筑空间》

图 2—5 印第安北部部落的原始村落 高小刚《图腾柱下》

图 2—6 远古巨石建筑——英国和法国的远古巨石建筑（Caroline Humphrey《Sacred Architecture》）、日本奈良的古代巨石建筑 （梅庆吉等《文化之谜》）

图 2—7 西班牙巴塞罗那奥林区克运动场中的高大灯柱（作者摄）

图 2—8 由世俗世界到神圣世界的“门槛”——合肥包拯墓园神道（杨永生《建筑百家言》）、南京明孝陵石象生（Caroline Humphrey《Sacred Architecture》）

图 2—9 南京中山陵 梁思成《中国建筑史》

图 2—10 古马耳他原始神庙 王贵祥《东西方的建筑空间》

图 2—11 藏传佛教的曼荼罗 拉·莫阿卡宁《荣格心理学与西藏佛教》

图 2—12 密西西比河流域印第安人建造的大金字塔 高小刚《图腾柱下》

图 2—13 神圣的中心位置——亚马逊河附近的原始村落（Caroline Humphrey《Sacred Architecture》）、基辅特里波里原始村落复原图（罗小未《外国建筑历史图说》）

图 2—14 “居中为尊”的中国传统建筑 王贵祥《东西方的建筑空间》

图 2—15 形态各异的鸟巢

图 2—16 人类的各种住房（罗小未《外国建筑历史图说》）、北极爱斯基摩人的冰屋（赵鑫珊《建筑是首哲理诗》）

图 2—17 各不相同的出挑结构——伊斯兰建筑中的钟乳拱（罗小未《外国建筑历史图说》）、法国波尔多建筑出挑细部（作者摄）、中国山西五台山佛光寺檐下斗栱（张永胜摄）

第三章

页眉插图“异化” 谢春彦画

注：这里借用此漫画表示与原画不同的含义，是指中西文化的对话及它们之间的异同。

图 3—1 南北各异的住宅平面——吉林市三道码头李宅平面（张驭寰《吉林民居》）和广东潮州王厝堀池墘 10 号饶宅“秋园”平面（陆元鼎 魏彦钧《广东民居》）

图 3—2 秦始皇统一的文字 全日制十年制学校初中课本《中国历史》第一册

图 3—3 模仿木结构的砖塔——（金）辽宁辽阳白塔的塔檐斗栱 罗哲文《中国古塔》

图 3—4 中西方建筑中的相似性——中国的故宫鸟瞰（杨永生《建筑百家言》）和法国的凡尔赛鸟瞰（明信片）

图 3—5　土耳其民居　Le Corbusier《Journey to the East》
图 3—6　罗马万神庙（作者摄）

第四章
面眉插图“小桌呼朋三面坐，留将一面与梅花”　丰子恺画
图 4—1　高低错落的屋宇和层层递进的院落——北京故宫屋顶（王振复《宫室之魂》）、山西祁县乔家大院围墙（作者摄）
图 4—2　井田制示意图　黄仁宇《中国大历史》
图 4—3　《考工记·匠人》营国制度复原平面　王鲁民《中国古典建筑文化探源》
图 4—4　隋唐长安城规划（王贵祥《东西方的建筑空间》）
图 4—5　古代明堂图　王贵祥《东西方的建筑空间》
图 4—6　方格网建造模式——周王城布局示意（萧默《文化纪念碑的风采》）、山西太原崇善寺平面（刘敦桢《中国古代建筑史》）、太和门斗栱平面（梁思成《清营造则例》）
图 4—7　“天与地的分离”　朱狄《信仰时代的文明》
图 4—8　轴线的作用　卜德清等《中国古代建筑与近现代建筑》
图 4—9　秩序井然的场景——北京故宫鸟瞰（王振复《大地上的“宇宙”》）、沈阳北陵公园
图 4—10　中国传统建筑中的“墙”——中国明代长城（卜德清等《中国古代建筑与近现代建筑》）、山西平遥城墙（作者摄）、通向寺庙的甬道（俞孔坚《理想景观探源》）、山西祁县乔家大院围墙（作者摄）
图 4—11　边远地区建筑　金瓯卜“对传统民居建筑研究的回顾和建议”《建筑学报》1998（4）
图 4—12　夹在山缝中的建筑（山西代县赵杲观）　李彬《山西之旅》
图 4—13　缠在山腰上的建筑（山西浑源恒山悬空寺）　孟凡武主编《山西好风光》
图 4—14　超然世外的文士之居　刘学军《中国古建筑文学意境审美》
图 4—15　充满生机的民居建筑——山西榆次后沟村民居（作者摄）、山西太谷县泰山石敢当（作者摄）、徽州民居中具吉祥意味的木雕（单德启《中国民居》）、江西清代民居八卦门环（赵鑫珊《建筑是首哲理诗》）
图 4—16　山西榆次常家庄园中的七开间藏书楼（当地资料）
图 4—17　山西太谷长裕川茶庄大门（作者摄）
图 4—18　北京天坛的圜丘　归庠　王小舟　孙颖《建筑艺术理解》
图 4—19　印度苦行释迦像　范梦《东方美术史话》
图 4—20　元代镇江过街塔　罗哲文《中国古塔》
图 4—21　文学化的园林——苏州网师园　王振复《大地上的“宇宙”》
图 4—22　扬州寄啸山庄月亭　高鈞明《中国古亭》
图 4—23　竹子的象征意义——江苏扬州个园　卜德清等《中国古代建筑与近现代建筑》

第五章
页眉插图“野蛮人到达一座罗马城市”　选自房龙《人类的故事》
图 5—1　毕达哥拉斯在进行音乐实验　赵鑫珊《建筑是首哲理诗》

图 5—2　达·芬奇人体结构解剖研究图　贡布里希《艺术发展史》
图 5—3　“上帝作为一个建筑师”　S.E. 拉斯姆森《建筑体验》
图 5—4　古希腊雅典卫城伊瑞克仙神庙　Carol Strickland《The annotated Arch》
图 5—5　意大利罗马斗兽场（明信片）
图 5—6　德国科隆大教堂（当地资料）
图 5—7　意大利佛罗伦萨主教堂（明信片）
图 5—8　帕提农神庙细部　勒·柯布西耶《走向新建筑》
图 5—9　罗马方便的城市用水（明信片）
图 5—10　罗马斗兽场内的各种通道　《Rome past and present》
图 5—11　小尖塔的由来　托伯特·哈姆林《建筑形式美的原则》
图 5—12　科隆大教堂使用滑轮的建造过程（当地资料）
图 5—13　相似的哥特建筑——法国兰斯主教堂（路易斯·格罗德茨基《哥特建筑》）、比利时圣·米歇尔教堂（当地资料）、挪威 Nidaros 主教堂（明信片）、英国索尔兹伯里大教堂（Carol Strickland《The annotated Arch》）
图 5—14　中世纪哥特教堂的世俗化
图 5—15　巴黎凡尔赛宫鸟瞰（明信片）
图 5—16　英国奇兹威克府邸　贡布里希《艺术发展史》
图 5—17　西班牙塞维利亚大教堂（当地资料）及细部（作者摄）
图 5—18　西班牙塞维利亚建筑（The Queen's Sewing Room）（作者摄）
图 5—19　荷兰街景（作者摄）
图 5—20　意大利巴洛克建筑　（作者摄）
图 5—21　肋架拱结构体系 Carol Strickland《The annotated Arch》
图 5—22　法国波尔多大教堂鸟瞰（明信片）
图 5—23　法国凡尔赛宫廷中的洛可可装饰（当地资料）
图 5—24　英国斯托海德庭园　朱建宁《情感的自然——英国传统园林艺术》
图 5—25　巴黎凡尔赛中的小特里阿农花园（作者摄）

第六章

页眉插图“无题”　张梁画　自方仲等编《过目难忘漫画》
图 6—1　西方据统治地位时的世界格局　斯塔夫里阿诺斯《全球通史：1500 年以后的世界》
图 6—2　西方人对世界的了解逐渐增加　斯塔夫里阿诺斯《全球通史：1500 年以后的世界》
图 6—3　相遇的中西建筑　《华中建筑》封面 1988 年第 3 期
图 6—4　北京圆明园西洋楼遗迹　《华中建筑》封面 1987 年第 2 期
图 6—5　钱伯斯在邱园中建造的中国塔　朱建宁《情感的自然》
图 6—6　各种形式的西洋建筑　广州天主教堂（《华中建筑》1987 年第 2 期）、哈尔滨索菲亚教堂（杨永生编《建筑百家言》）、青岛提督府（《华中建筑》1987 年第 2 期）
图 6—7　中西建筑结合的尝试——北京辅仁大学教学楼、南京金陵大学北大楼　《中国建筑史》编写组《中国建筑史》
图 6—8　探索中西建筑结合之路——上海八仙桥青年会大楼、南京国民政府外交部大楼、

南京中央医院 杨永生《中国四代建筑师》
图 6—9 中国固有形式的探索——广州中山纪念堂、上海市立图书馆、南京国民党党史史料陈列馆 杨永生《中国四代建筑师》
图 6—10 高技派建筑——诺曼·福斯特设计的英国在法国雷诺公司汽车销售中心全景及细部 刘先觉《现代建筑理论》
图 6—11 高层建筑的感觉——美国插图画（明信片）
图 6—12 竞相比高的超高层建筑 朱文一"迈向知识时代的建筑与环境"《建筑学报》1998（9）
图 6—13 现代建筑的普适性——勒·柯布西耶的草图
图 6—14 工业时代的梦——勒·柯布西耶和奥赞芳穿着无个性的服装以显示他们对工业时代的理解 查尔斯·詹克斯《勒·柯布西耶——悲剧的观点》
图 6—15 勒·柯布西耶设计的法国波尔多现代住宅（当地资料）
图 6—16 西班牙巴塞罗那博览会德国馆（当地资料）
图 6—17 现代建筑的杰作——赖特设计的古根海姆博物馆（Bruce Brooks Pfeiffer《Frank Lloyd Wright》）、鲁道夫设计的耶鲁大学建筑与艺术系楼、约翰逊设计的玻璃住宅（Carol Strickland《The annotated Arch》）
图 6—18 建筑师的形象 杨豪中《建筑中的后现代主义》
图 6—19 建筑与环境关系的探索——人与环境的和谐关系（作者摄）、赖特设计的 Nornab Lykes 住宅（Bruck Brooks Pfeiffer《Frank Lloyd Wright》）、法国阿拉伯世界研究所可调节光线的窗子（作者摄）、德国 Mingen 青年会馆及其有效利用太阳能示意图（周曦 李湛东《生态设计新论》）
图 6—20 地方特色的探索——菊儿胡同（杨永生《建筑百家言》）、北京丰泽园饭店、上海市博物馆（崔世昌《现代建筑与民族文化》）
图 6—21 理查德·罗杰斯设计的法国波尔多法学院（作者摄）
图 6—22 勒·柯布西耶设计的朗香教堂鸟瞰（明信片）
图 6—23 戈地设计的巴塞罗那巴特罗公寓（作者摄）、矶崎新设计的日本富士乡村俱乐部 邱秀文等《矶崎新》
图 6—24 彼得·艾森曼设计的美国康涅狄格州的六号住宅 王受之《世界现代建筑史》
图 6—25 五花八门的建筑形式——新奥尔良的"意大利"广场（Jurgen Tietz《Storia dell Architettura》）、美国贝斯特公司连锁店（刘先觉《现代建筑理论》）、美国洛杉矶的"盒子房"（王受之《世界现代建筑史》）、柏林 IBA 集合住宅（［日］渊上正幸《世界建筑师的思想和作品》）
图 6—26 《何去何从》 杨豪中《建筑中的后现代主义》
图 6—27 罗西设计的荷兰 Bonnefanten 博物馆 《Contemporary European architects》
图 6—28 拉菲尔·莫涅奥设计的罗马艺术博物馆 王受之《世界现代建筑史》
图 6—29 印度建筑师查尔斯·柯利亚设计的管式住宅 吴良镛《建筑学的未来》
图 6—30 杨经文自宅 林京"杨经文及其在生物气候学在高层建筑中的运用"《世界建筑》1996（4）
图 6—31 斯里兰卡建筑师巴瓦·吉欧佛里设计的三吨旅馆 曾坚等"回归与超越"《新建筑》1998（4）

第七章

页眉插图"回想" 陈树斌画

图 7—1　戈地设计的西班牙巴塞罗那圣家族教堂（明信片）及细部　（作者摄）
图 7—2　理查德·迈耶设计的荷兰海牙市政厅（作者摄）
图 7—3　建筑的商业性　殷树宏等《商企店面装饰图集》
图 7—4　法国波尔多某医院（作者摄）
图 7—5　法国波尔多某住宅楼（作者摄）
图 7—6　屈米设计的法国拉·维莱特公园中的座椅（作者摄）
图 7—7　最平凡的无障碍设计——法国波尔多建筑学院校园中的一段坡道（作者摄）
图 7—8　法国波尔多原修道院小教堂入口和教堂内景（作者摄）
图 7—9　里勃斯金德设计的柏林犹太人博物馆　翁晨“读犹太人博物馆”《世界建筑》99（10）
图 7—10　盖里设计的迪斯尼音乐中心和盖里自宅
图 7—11　屈米设计的法国拉·维莱特公园中的疯狂物（Folie）（明信片）
图 7—12　波特曼的共享空间　约翰·波特曼《波特曼的建筑理论和事业》
图 7—13　彼得·艾森曼设计的美国康涅狄格州的二号住宅　薛恩伦“艾森曼的理论与实践”《世界建筑》1999（4）
图 7—14　文丘里设计的约翰逊画廊中的新爱奥尼克柱　杨豪中《建筑中的后现代主义》
图 7—15　建筑上的广告牌——太原市唐明饭店（作者摄）
图 7—16　上海一幢区级法院　张为诚“后殖民主义情势下的后现代主义——评上海建筑的‘欧陆风情’风”《时代建筑》2000（1）

参考文献

1. 王列　杨雪冬编译《全球化与世界》中央编译出版社 1998 年 11 月
2. 胡元梓　薛晓源编译《全球化与中国》中央编译出版社 1998 年 11 月
3. [美] 约翰·托夫勒《第四次浪潮》华龄出版社 1996 年 7 月
4. [美] 阿尔温·托夫勒《第三次浪潮》生活·读书·新知三联书店 1984 年 2 月
5. 刘登阁　周云芳《西学东渐与东学西渐》中国社会科学出版社 2000 年 1 月
6. [美] 马克·第亚尼《非物质社会》四川人民出版社 1998 年 3 月
7. 郑晓云《文化认同与文化变迁》中国社会科学出版社 1992 年 10 月
8. 张士楚《在历史的地平线上》人民出版社 1986 年 4 月
9. 高丙中《居住在文化空间里》中山大学出版社 1999 年 9 月
10. 周宪《中国当代审美文化研究》北京大学出版社 1997 年 11 月
11. 孟繁华《众神狂欢—当代中国的文化冲突问题》今日中国出版社 1998 年 5 月
12. 金耀基《从传统到现代》中国人民大学出版社 1999 年 12 月
13. [美] 乔治·麦克林《传统与超越》华夏出版社 2000 年 1 月
14. [美] 露斯·本尼迪克特《文化模式》三联书店 1988 年 5 月
15. [美] 弗朗兹·博厄斯《人类学与现代生活》华夏出版社 1999 年 1 月
16. [美] E·哈奇《人与文化的理论》黑龙江教育出版社 1988 年 12 月
17. 谢选骏《神话与民族精神》山东文艺出版社 1986 年 10 月
18. 孙津《基督教与美学》重庆出版社 1990 年 6 月
19. [俄] 乌格里诺维奇《艺术与宗教》生活·读书·新知三联书店 1987 年 8 月
20. 潘显一　冉昌光《宗教与文明》四川人民出版社 1999 年 5 月
21. 张春兴《现代心理学》上海人民出版社 1994 年 5 月
22. 张雄《历史转折论》上海社会科学院出版社 1994 年 4 月
23. 范文澜《中国通史》人民出版社 1978 年 6 月
24. 李泽厚《中国思想史论》安徽文艺出版社 1999 年 1 月
25. 黄仁宇《中国大历史》生活·读书·新知三联书店 1999 年 6 月
26. 梁漱溟《中国文化要义》学林出版社 1987 年 6 月
27. 李宗桂《中国文化概论》中山大学出版社 1988 年 10 月
28. 韩林德《境生象外——华夏审美与艺术特征考察》三联书店 1995 年 4 月
29. 李泽厚《美的历程》中国社会科学出版社 1984 年 7 月
30. 张云飞《天人合一——儒学和生态环境》四川人民出版社 1995 年 2 月
31. 黄仁宇《万历十五年》内蒙古文化出版社 1995 年 8 月
32. [美] 斯塔夫里阿诺斯《全球通史》上海社会科学院出版社 1999 年 5 月
33. 乔明顺《简明世界史》北京大学出版社 1993 年 3 月
34. 陈乐民　周弘《欧洲文明扩张史》东方出版中心 1999 年 3 月

35. 钱乘旦《欧洲文明：民族的融合与冲突》贵州人民出版社 1999 年 4 月
36. 张广智　张广勇《现代西方史学》复旦大学出版社 1996 年 5 月
37. [德] 黑格尔《美学》商务印书馆 1979 年 11 月
38. [英] 伯特兰·罗素《西方的智慧》文化艺术出版社 1997 年 11 月
39. [英] 罗宾·柯林伍德《自然的观念》华夏出版社 1999 年 1 月
40. [英] 特伦斯·霍克斯《结构主义与符号学》上海译文出版社 1987 年 2 月
41. [英] 贡布里希《艺术发展史》天津人民美术出版社 1992 年 4 月
42. [法] 丹纳《艺术哲学》人民文学出版社 1983 年 7 月
43. 朱光潜《西方美学史》人民文学出版社 1979 年 11 月
44. 张延风《西方文化艺术巡礼》中国青年出版社 1998 年 12 月
45. 刘红星《先秦与古希腊》上海古籍出版社 1999 年 7 月
46. 董丛林《龙与上帝——基督教与中国传统文化》三联书店 1992 年 6 月
47. 杨适《中西人论的冲突》中国人民大学出版社 1997 年 1 月
48. 梁漱溟《东西文化及其哲学》商务印书馆 1999 年 7 月
49. 朱谦之《中国哲学对欧洲的影响》河北人民出版社 1999 年 8 月
50. 王庆生《绘画：东西方文化的冲撞》北京大学出版社 1991 年 11 月
51. 张法《中西美学与文化精神》北京大学出版社 1994 年 6 月
52. 乐黛云《透过历史的烟尘》北京大学出版社 1997 年 11 月
53. 乐黛云　李比雄主编《跨文化对话》上海文化出版社 1998 年 10 月
54. 梁思成《中国建筑史》百花文艺出版社 1999 年 3 月
55. 潘谷西等《中国建筑史》中国建筑工业出版社 1982 年 7 月
56. 刘敦桢《中国古代建筑史》中国建筑工业出版社 1980 年 10 月
57. 王鲁民《中国古典建筑文化探源》同济大学出版社 1997 年 12 月
58. 贺业钜《考工记营国制度研究》中国建筑工业出版社 1985 年 3 月
59. 张良皋《匠学七说》中国建筑工业出版社 2002 年 3 月
60. 董黎《中国教会大学建筑研究》珠海出版社 1999 年 8 月
61. 王立山《建筑艺术的隐喻》广东人民出版社 1998 年 7 月
62. 陈志华《外国建筑史》中国建筑工业出版社 1981 年 12 月
63. 四校编写《外国近现代建筑史》中国建筑工业出版社 1982 年 7 月
64. 罗小未《外国建筑历史图说》同济大学出版社 1992 年 10 月
65. [英] 彼得·柯林斯《现代建筑设计思想的演变》中国建筑工业出版社 1987 年 11 月
66. 刘先觉主编《现代建筑理论》中国建筑工业出版社 1999 年 9 月
67. 王受之《世界现代建筑史》中国建筑工业出版社 1999 年 12 月
68. 杨豪中《建筑中的后现代主义》陕西科学技术出版社 1998 年 10 月
69. 杨豪中《欧洲当代建筑概述》陕西科学技术出版社 1994 年 4 月
70. 王贵祥《东西方的建筑空间》中国建筑工业出版社 1998 年 7 月
71. [法] 勒·柯布西耶《走向新建筑》中国建筑工业出版社 1981 年 4 月
72. [意] 布鲁诺·赛维《建筑空间论》中国建筑工业出版社 1985 年 3 月

73. [美] 罗伯特·文丘里《建筑的复杂性和矛盾性》中国建筑工业出版社 1991 年 5 月
74. [日] 针之谷钟吉《西方造园变迁史》中国建筑工业出版社 1991 年 11 月
75. 吴良镛《建筑学的未来》清华大学出版社 1999 年 6 月
76. 郑光复《建筑的革命》东南大学出版社 1999 年 5 月
77. 徐千里《创造与评价的人文尺度》中国建筑工业出版社 2000 年 4 月
78. 杨永生《建筑百家言》中国建筑工业出版社 2000 年 8 月
79. 杨永生《建筑百家评论集》中国建筑工业出版社 1998 年 9 月
80. 《面向 21 世纪的建筑学》国际建协第 20 届世界建筑师大会资料 1999 年 5 月

1. David Warkin: A History of Western Architecture, U. S. A. 1986
2. Michael Raeburn: Architecture of the Western World, London, 1980
3. Carol Strickland: The annotated Arch—A Crash Course in the History of Architecture, John Boswell Management, 2001
4. Udo Kultermann: Architecture in the 20th Century, New York, 1993
5. Kenneth frampton: Modern Architecture: a critical history, London, 1980
6. Sebastian Loew: Modern Architecture in Historic Cities, London, 1998
7. Clifton Taylor: Spirit of the Age, London, 1992
8. Charles Jencks: Kings of Infinite Space, martin's Press, New York, 1981
9. Egon Schirmbeck: Idea, Form and Architecture, New York, 1987
10. Bruce Brooks Pfeiffer: Frank Lloyd Wright, Taschen, 1991
11. Coop Himmelblau etc.: The End of Architecture? Vienna, 1993
22. Paolo Protoghesi: Postmodern—the Architecture of the Postindustrial Society, U. S. A. 1983
13. Charles Jencks: Towards a Symbolic Architecture, U. S. A. 1985
14. C. Thomas Mitchell: New Thinking in Design Conversations on Theory and Practice, Van Nostrand Reinhold, 1996
15. Dendtri Porphyrios: Classical Architecture, Great Britain, 1991
16. Andreas Papadakis: Deconstruction, Great Britain, 1989
17. Andreas Papadakis: New Classicism, Great Britain, 1990
18. William O'Reilly: Architecture Knowledge and Cultural Diversity, Lausanne, 1999
19. Wolfgang Amsoneif: Contemporary European Architects, Benedikt Taschen, 1991
20. Philip Jodidio: Contemporary European Architects, VolumeIV, Benedikt Taschen, 1996
21. K. Michael Hays: Architecture Theory Since 1968, the MIT Press, 1998
22. Dennis Sharp: Twentieth Century Architecture, New York, 1997
23. Caroline Humphrey, Piers Vitebsky: Sacred Architecture, Canada, 1997

后 记

在我读硕士的时候，导师张似赞先生严谨的治学精神，宽厚高尚的为人，深深吸引着我，把我带到建筑历史与理论的殿堂，使我感受到西方建筑的高贵典雅和宏大气势，从此我开始走上西方建筑历史与理论研究的道路。当我读博士的时候，导师赵立瀛先生对中国传统建筑的准确把握和深刻理解，深深感染了我，赵立瀛先生谦谦君子的风度和谆谆的教导，让我感受到中国传统文化的博大、深邃，我开始如饥似渴地了解中国文化，钻研中国建筑。我懂得了中西方传统文化和建筑各有自己不同的发展脉络和运行轨迹，也各有自己不同的审美标准和追求目标，以任何一方的立场来品评另一方，都会得到不公正的结论。当我做博士论文的时候，正值全球化、欧陆风劲吹之时。我想，我们的确应当学习西方的先进文化和建筑理论，但我们不应当丢弃自己的传统，其实，学习的目的是取长补短，完善自己。这些想法得到导师的支持，形成了我的博士论文，即通过中西方传统文化和建筑的发展脉络，说明中西方之趋同与多元的关系。这本书就是在这篇论文的基础上修改充实而成的。尽管我始终以两位导师为榜样，认真努力，并付出了几年的努力。可是当书稿终于要变成书籍的时候，我忽然恐慌起来，这本书能拿出来接受前辈、同行的批评和指导吗？不过当我想到，这只是我学习过程的一个总结，只是一个课题的开始，也就释然了。如果它能够为建筑历史与理论的研究提供一个不同的思路，我就满足了。

不管怎样，艰苦的写作终于告一段落了。在此，我首先应当感谢我的博士导师赵立瀛教授，赵先生在我论文的选题和写作过程中给予了我极大的帮助和悉心指导，包括不厌其烦的文字修改和反反复复的细节讨论，使我在先生严谨的治学精神鼓舞下不敢有丝毫马虎；我还要衷心地感谢我的硕士导师张似赞教授，是张先生在我做研究工作的初期，指导我学会了有效的工作方法和认真的治学态度，使我终身受益；清华大学教授吴焕加先生和王贵祥先生，哈尔滨工业大学侯幼彬先生，华南理工大学陆元鼎先生，西北工业大学张耀曾先生，长安大学刘世忠先生和张之凡先生，太原理工大学高鈞明先生等前辈，在百忙中抽出时间对我的论文进行评阅和指导，并提出宝贵意见。前辈的宽容给我以鼓励，使我有信心把论文修改成书。事实上，在整个写作过程中，我还得到过许多同学、朋友的帮助和支持，师兄杨豪中教授不仅认真评阅了我的论文，还以他严密的逻辑推理给我提出了许多问题，使本书避免了更多的不足。还有我的同学和朋友李志荣、刘晖、高静、王军、董芦笛、张玉红和王海忠等，他们充满活力的智慧和机敏为我单调的工作增添了许多乐趣，他们是我一生最为珍贵的精神财富；同时，我还要感谢中国建筑工业出版社的责任编辑董苏华女士、孙炼女士和所有参加本书编印的工作人员，如果不是他们的努力，本书的出版是不可能的；最后，我要深深地感谢我的家人。在我几年的学习和工作期间，为我付出最多的是我的父母、爱人和孩子，他们默默无闻地调整自己的生活，整个家庭以我的学习和工作为轴心。

没有他们的支持，我的论文和书稿都是难以想像的。如果说我还取得了一些成绩，那么成绩应当属于他们。

王瑛

2004年11月于并州

作者简介

王瑛，1963年生于太原，1985年毕业于太原工业大学建筑系，获学士学位。1990年毕业于西安冶金建筑学院建筑系，研究方向为外国建筑历史与理论，获硕士学位。2001年毕业于西安建筑科技大学建筑学院，研究方向为建筑历史与中外建筑比较，获博士学位。曾发表《给旧建筑注入新的生机》、《对当代建筑全球化的几点思考》、《从文化视角看中国建筑的独特性》、《“善”与“真”的对话》等学术论文十余篇。现于太原理工大学建筑系任教，并从事建筑历史与理论的教学与研究。